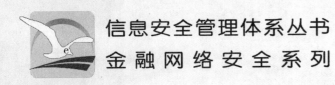

信息安全管理体系丛书
金融网络安全系列

丛书编委会

丛书顾问：蔡吉人　周仲义　李　伟

丛书主编：吕述望　赵战生　陈华平

执行主编：谢宗晓　吕茂强

信息安全规划方法及案例

中国金融认证中心 ◉ 组编

主　审：胡　莹

主　编：隆　峰　李松涛

副主编：马春旺　李　达　谢宗晓

编　委（按姓氏笔画排序）：

王凯阳　王贺刚　王　胤　王晶晶　司华峰

闫　莅　李　超　许定航　刘雨晨　刘淑敏

刘书洪　陆绍益　张　开　金　明　胡鑫焱

施明明　陶丽雯　高　扬　曹剑峰　董亚南

中国质量标准出版传媒有限公司

中国标准出版社

北京

图书在版编目(CIP)数据

信息安全规划方法及案例 / 中国金融认证中心组编．
—北京：中国标准出版社，2020.9
ISBN 978-7-5066-9485-8

Ⅰ.①信⋯　Ⅱ.①中⋯　Ⅲ.①信息系统—安全管理
Ⅳ.①TP309

中国版本图书馆 CIP 数据核字（2019）第 212009 号

中国质量标准出版传媒有限公司
中 国 标 准 出 版 社　出版发行
北京市朝阳区和平里西街甲 2 号（100029）
北京市西城区三里河北街 16 号（100045）

网址：www.spc.net.cn
总编室：(010) 68533533　发行中心：(010) 51780238
读者服务部：(010) 68523946
中国标准出版社秦皇岛印刷厂印刷
各地新华书店经销

＊

开本 787×1092　1/16　印张 12.75　字数 296 千字
2020 年 9 月第一版　　2020 年 9 月第一次印刷

＊

定价 42.00 元

序言1
prologue

中国工程院院士　蔡吉人

党中央、国务院高度重视信息安全工作。在中办发〔2006〕11号《2006—2020年国家信息化发展战略》中明确指出："坚持积极防御、综合防范，探索和把握信息化与信息安全的内在规律，主动应对信息安全挑战，实现信息化与信息安全协调发展"，"积极跟踪、研究和掌握国际信息安全领域的先进理论、前沿技术和发展动态"。

虽然信息安全技术和信息安全管理得到了前所未有的重视，但是信息安全事件却一直处于有增无减的状态。只有信息安全技术和管理并重，在宏观层次上实施良好的信息安全管理，才能使微观层次上的安全，如物理措施等，实现其恰当的作用。采用信息安全管理体系并得到论证无疑是组织应该考虑的方案之一。事实上，也只有这样才能真正站在组织的高度上来对待信息安全问题。

信息安全管理体系（ISMS）是基于组织业务风险方法来建立、实施、运行、监视、评审、保持和改进信息安全，它跳出了"为安全信息而信息安全"的传统概念，强调站在组织业务的角度来管理信息安全活动。ISMS相关标准不仅为一个组织提供从框架到细节的全面指导，而且为ISMS的整个产业链提供指南。

基于此，中国质检出版社①组织了国内的信息安全专家及标准的起草者编写了《信息安全管理体系丛书》。本丛书是我国第一套全面系统的信

---

①现已更名为中国质量标准出版传媒有限公司。

息安全管理体系丛书，它从 ISMS 的基础信息安全风险管理开始讨论，从不同领域、多个侧面，对 ISMS 相关知识进行了细致的介绍和阐述，有理论，更有实践，包括 ISMS 的审核指南、应用方法、业务连续性管理以及在重点行业的应用实例，很有特色，可谓既专又广，是一套充分展示 ISMS 领域当前成果并将其推广的优秀图书，一定会为我国 ISMS 专业人才的培养起到重要的推动作用。

2012 年 9 月

序言2
prologue

中国工程院院士　周仲义

当前，国际上围绕信息的获取、分析、利用和控制的竞争越来越激烈，信息安全已成为维护国家安全、保持社会稳定、关系长远利益的关键组成部分，备受各国政府的关注和重视。如何确保信息安全已是各国政府及各种组织改进其竞争能力的一个新的具有挑战性的任务。

入选国家"十二五"重点图书规划的出版项目《信息安全管理体系丛书》，融入了作者多年来在信息安全、信息安全管理体系领域的研究和实践成果，包括多项具有自主知识产权的创新成果，是面向现代信息安全从业人员普及国家信息安全政策和信息安全知识，强化组织信息安全意识和信息安全保障能力建设，展示信息安全领域最新成果和信息安全管理体系建设、实施、运行、审核成就的高水平通俗读物。

该套丛书共 13 个分册，主要内容涉及信息安全风险管理和风险评估、信息安全管理体系实施、信息安全管理体系审核、业务连续性管理、信息安全管理体系与 ISO/IEC 20000 的整合、信息安全管理体系与信息系统安全等级保护的整合以及信息安全管理体系在重点行业和领域的应用。书中各种典型的案例，针对各种网络安全问题的应对措施，为组织提供了一个完整的业务不间断计划，能为组织业务的正常运行起到保驾护航的作用。

该套丛书主要作者长期从事信息安全领域的科学研究与实践，曾参与多项信息安全国家标准的制修订，经验丰富，成果丰硕。他们编著的这套《信息安全管理体系丛书》，可代表现阶段我国信息安全管理体系领域最高研究水平，在服务于国家或组织，提升国家安全战略方面将起到非常重要的作用，必将产生显著的社会效益。该套丛书的出版，在我国工程技术领域是具有重要意义的大事，将为我国信息安全保障能力建设提供有力的支撑，让信息安全管理体系真正成为对抗信息霸权主义、抵御信息侵略的重要保障。

周仲义

2012 年 9 月

序言3
prologue

中国人民银行科技司司长　李伟

《信息安全管理体系丛书》作为国家"十二五"重点图书出版规划项目，已经出版了10余册，内容包括风险评估、标准解读、实施指南、体系审核、行业应用以及相关研究综述等。其目的是以"最佳实践"为理论基础，为相关单位提供一套完整解决方案。但是，信息安全不是一劳永逸的。在网络安全（Cybersecurity）日益严峻的形势下，将《信息安全管理体系丛书》持续编撰出版是有必要的。

当前，金融科技（Fintech）和监管科技（Regtech）在全球范围蓬勃发展，创新层出不穷。在此背景下，金融服务方式更加虚拟、业务边界逐渐模糊、经营环境不断开放，使得技术风险与信用风险、流动性风险等传统金融风险之间，相互渗透，相互影响，变得更加隐蔽，也产生了更强的破坏性。单纯依靠通用的安全控制已经远远不能适应当前的严峻形势。

在金融行业，我们需要"植根于业务的安全"。安全必须与主营业务紧密结合。安全控制与业务流程应该相互校准（align）、嵌入（embed）或整合（integrate）。这种理念在较早版本的国际标准中，例如，ISO/IEC 27001: 2005引言中就强调：本标准从组织整体业务风险的角度……

金融科技归根结底还是技术推动的金融创新。无论其业务形态如何变化，其经营风险的本质是不变的。例如，利用大数据和区块链等新技术来管控整体业务风险已经取得了较好的效果。再如，通过对 TARGET2[1]异常数据点进行识别和分析，可以为欧盟整体金融稳定提供决策依据[2]。从这个角度看，我们需要"植根于安全的业务"。

习近平主席指出，"没有网络安全就没有国家安全""金融安全是国家安全的重要组成部分"。网络安全和金融安全的重要性是不言而喻的。在金融科技时代，网络安全与传统金融安全变得越来越密不可分，界线也变得越来越模糊。无论是"植根于业务的安全"，还是"植根于安全的业务"，都不可偏废。

《信息安全管理体系丛书》如能增加金融网络安全相关内容，将会更好地促进网络安全与金融安全的深度融合，并为金融网络安全从业者提供有益参考。

2019 年 7 月 28 日

---

[1] TARGET2，Trans- European Automated Real- time Gross Settlement Express Transfer System.

[2] Heijmans，Ronald and Zhou，Chen，Outlier Detection in TARGET2 Risk Indicators（February 7，2019）. De Nederlandsche Bank Working Paper No. 624，January 2019. Available at SSRN: https: //ssrn. com/abstract= 3332441 or http: //dx. doi. org/ 10. 2139/ssrn. 3332441.

丛书前言

Series introduction

信息通信技术（ICT）的快速发展和广泛应用，为人类开拓出继陆、海、空、天之外的第五维生存空间——赛博空间（Cyberspace）。ICT 的潜能不但使赛博空间展现出前所未有的美好前景，也为人类在陆、海、空、天的生产活动、科学研究以及知识学习、文化传承与交流和社会管理带来了高效率、高效益。信息化成为当今社会发展的巨大推动力。

但是，在新技术的应用中，风险和机遇并存。技术的不成熟，使得社会犯罪分子利用这些技术的漏洞谋取利益；霸权国家为其核心利益展现的把赛博空间作为新的战争空间的国策，使赛博空间显现出不和谐、不安宁的不良态势。

探究当代各国的信息安全战略和实践可知，提升信息安全保障能力是应对危机的对策，技术与管理并重是保障能力提升的出路，风险管理是指导保障能力形成的思想。

保障能力体现于预警能力、保护能力、检测能力、响应能力、恢复能力和反制能力。

技管并重要求，信息安全保障能力建设不但需要运用技术手段，还要运用管理手段，并且要运用技术手段支持管理手段，运用管理手段提升技术手段应有作用的有效发挥。

风险管理的思想使我们清醒地认识到，面对信息系统的应用，我们实际上是面对一个人机结合的、智能化的、非线性的时变复杂大系统。我们所做的防护努力，只能减少信息安全事件发生的可能性和发生事件的损失及影响。绝对杜绝事件的发生是不可能的，我们必须积极应对处置可能发生的事件，保障依赖信息系统要完成的使命。

信息安全已经从关注技术平台发展到关注业务使命和组织治理。信息安全保障也提升到了依赖信息化手段的使命保障。我们需要跟上这个提升，研究思考和部署更高层次的安全保障。

信息安全管理的理论和实践，已经从依据长官意志的人治型管理，经由制度化建设的规章型管理，发展到了根据管理理论和成功实践经验加以规范化、标准化的体系化管理。ISO/IEC SC 27 的 27000 系列标准将不断丰富和完善的信息安全管理体系（ISMS）展现在我们面前。发达国家结合国情，也各自拥有与 27000 系列标准指导思想相一致的相关标准（例如美国国家技术标准研究所开发颁布的风险管理框架 NIST 特别出版物 SP 800 的相关系列标准）。我国信息安全标准化技术委员会已经把 27000 系列标准转化为国家标准，同时结合国情颁布了若干为等级保护所需要的信息安全管理标准和风险评估、风险管理、事件分级分类、处置、灾难备份恢复等国家标准。

本系列丛书的目的在于跟踪国际和国家标准的发展，分析解析标准的内涵要义，试图帮助读者加深理解标准，也试图以总结作者的实践案例来宣贯标准，帮助读者正确地实施标准，执行标准。

信息安全保障能力是信息化条件下的综合国力的体现，能力低下必定吃亏挨打。我们不能满足我国信息化的发展速度和规模。我们必须依靠自己和世界上平等待我的朋友一起共建赛博家园，保障赛博家园的安康。

中国科学院信息安全国家重点实验室

2012 年 8 月

丛书主编
吕述望教授的话

在 Internet 上搞中国的信息安全是不可控的，事实上，对于 Internet 而言，美国以外的国家都只是安全利用的问题。为什么这么说呢？这要从以下几点说起。

1. 互联网定义：互联网是两个以上的具有一个主根的网络的平等连接。其上层不再有根。

2. Internet 网是人类的重要建树，其中文译名为因特网。它是美国的国际网，可记作 USA－i－Net。

3. 中国公众使用的网络实际上也是 USA－i－Net，中国用户域名 .cn。我们使用 IP 地址是要给美国人付钱的，而且，.cn 受 Internet 主根的控制，毫无安全保证。

4. 目前中国网络语言"互联网"指的是美国的国际网。"中国是互联网大国"指的是"Internet（因特网）用户大国"，"中国互联网协会"指的是"Internet 中国用户协会"。

5. 党和国家的领导人已经认识到了这一问题的严重性。2010 年 6 月 7 日，胡锦涛总书记在中国科学院、中国工程院两院院士大会上发表了"要积极研发和建设新一代互联网""改变核心技术受制于人"的讲话。"新一代互联网"的概念显然不是对现在 Internet 的改造，因为从前面的讲述可知，在 Internet 上实现中国的信息安全无异于缘木求鱼。

6. 中国应该建设中国国际网（CHINA－i－Net）。中国国际网的协议如果与美国国际网（Internet）一致也可，使用 IPv9 可能容量会大，权利纷争会小。问题的关键是中国有了主根，且有了与国际平等连接的物质基础与思想准备。

7.CHINA－i－Net，USA－i－Net 等多个网络平等连接，自然形成互联网，世界未来网络是不会依附任何一个国家的。未来网络中的认证，识别，安全保密会有全新的概念与技术出现。数字世界是由数字序列、知识包、知识阅读器三部分组成的，人类将在数字世界里平等、自由、负责地畅游知识的海洋！

8.有关互联网的项目要立足中国国际网（CHINA－i－Net）。我国北斗卫星导航系统与美国全球定位系统 GPS 是个好例子。

9.除了加强 Internet 的安全利用，全面的信息安全管理也非常重要。

为此我们组织编写了《信息安全管理体系丛书》，并有幸被列入了国家"十二五"重点图书规划，这也表明了国家对信息安全问题的高度重视。

我深切期望，《信息安全管理体系丛书》的出版能为 Internet 的安全利用，为国内信息安全管理现状的提升尽绵薄之力。

中国科学院信息安全国家重点实验室

北京知识安全工程中心

吕述望

2012 年 8 月

前 言
preface

在实践中，我们常常强调信息安全规划的重要性，但对其理解大多停留在"计划一下"这样的逻辑，可能并不觉得规划还能够有完整的方法论。在其他领域也大抵如此，因为这样或者那样的原因，导致开始没有规划，后续改动需要付出更多。当然，这都是理论上所讲的。实际情况是：对大多数组织而言，在开始阶段，功能化的需求远比安全要重要得多。即便如此，也没有一个组织会在毫无规划的情况下，就开始信息化，或者部署信息安全，区别只是在于是否有系统化规划。

本书所讨论的是系统化的信息安全规划方法，我们称之为 PD²M（PLAN—DESIGN—DO—MEASURE）。该方法综合了常见的企业架构（Enterprise Architecture，EA），包括 Zachman 框架、TOGAF、FEA 框架和 DoDAF，更综述了现存的企业信息安全架构（Enterprise Information Security Architecture，EISA），包括 Gartner EISA、SABSA、RISE、AGM—Based SOA 和 Intelligent SOA。

基于该方法，我们将本书分为两部分，第一部分为理论篇，即 PD²M 的提出与介绍，第二部分为案例篇，以大都商业银行为例，介绍了 PD²M 的应用。此外，本书还给出了附录，附录为规范性文件的目录，目的是为了更好地促进 PD²M 与 ISMS 的融合。

在第一部分方法中，第 1 章介绍了必要的基础知识，其中包括各种 EA 和 EISA；第 2 章中提出了本书的方法论—PD²M，同时也比对了 EA

或 EISA 中已有的方法论,例如,FEA CPM 和 TOGAF ADM 等,当然也融合了 ISO/IEC 27000 标准族的方法论 PDCA(PLAN—DO—CHECK—ACT);第 3 章至第 6 章,分别讨论了 PD²M 的主要步骤,计划(PLAN)、设计(DESIGN)、实施(DO)和测量(MEASURE)。

在第二部分案例中,第 7 章对本书中用的大都商业银行案例进行了介绍,该案例在本丛书中是一致的;第 8 章中对大都银行的规划背景,或者说情境(context),进行了必要的讨论,从第 9 章到第 12 章,与第一部分对应,也是根据 PD²M 的主要步骤进行重点介绍。

在之前已出版的《个人信息保护——基于 GB/T 35273 的最佳实践》最后一章中,提出"每个组织都(应该)有自己的'最佳实践'"。这是最近几年我们对于信息安全实践部署的最大感受,即积极地回归到最佳实践的管理原意。当然,ISO/IEC 27000 标准族就是这么发展而来的。在本书中,我们没有专门强调"最佳实践/良好实践"的逻辑,但是在此处专门提出,也作为正文内容的呼应。

最后,感谢中国金融认证中心领导的大力支持,感谢参与本书审核和编写的所有人员,此处均不再一一列举。由于成稿过程仓促,可能存在一些疏漏,望读者谅解。

2020 年 7 月 14 日　于北京

目 录
contents

理论篇　基于 PD²M 的规划指南

第1章　必要的基础知识 ……………………………………………… 2

1.1　引言：为什么需要规划 ………………………………………… 2

1.2　企业架构（EA） ………………………………………………… 3

1.3　企业信息安全架构（EISA） …………………………………… 5

第2章　方法论：PD²M ……………………………………………… 13

2.1　可参考的方法论 ………………………………………………… 13

2.2　本书的方法论：PD²M …………………………………………… 22

第3章　计划（Plan）：规划的战略考虑 ………………………… 24

3.1　战略理解 ………………………………………………………… 24

3.2　安全原则的确定 ………………………………………………… 30

3.3　基于业务的风险理解 …………………………………………… 30

3.4　安全资源计划 …………………………………………………… 31

3.5　合规性要求识别 ………………………………………………… 31

第4章　设计（Design）：整体架构的设计 ……………………… 34

4.1　概述 ……………………………………………………………… 34

4.2　治理层（Tier 1）设计 ………………………………………… 34

4.3　管理层（Tier 2）设计 ………………………………………… 39

4.4　控制层（Tier 3）设计 ………………………………………… 41

第 5 章 实施（Do）：对实施过程的规划 ……………………………… 43

5.1 任务分解结构（WBS） ………………………………………… 43

5.2 行动路线 ………………………………………………………… 44

5.3 必要基础：信息安全意识 ……………………………………… 44

第 6 章 测量（Measure）：必要的迭代过程 ………………………… 46

6.1 规划评审 ………………………………………………………… 46

6.2 变更管理 ………………………………………………………… 46

案例篇 大都商业银行信息安全规划

第 7 章 案例介绍：大都商业银行信息安全规划（D^2CB） ………… 48

第 8 章 规划建设背景 ………………………………………………… 50

8.1 安全事件引发的思考 …………………………………………… 50

8.2 安全大环境与银行使命 ………………………………………… 52

8.3 从业务到安全 …………………………………………………… 52

8.4 安全面临的挑战 ………………………………………………… 66

第 9 章 D^2CB 计划阶段（Plan） …………………………………… 76

9.1 信息安全规划原则 ……………………………………………… 76

9.2 主要风险及风险态度 …………………………………………… 78

9.3 现状与风险分析 ………………………………………………… 80

9.4 合规性考虑 ……………………………………………………… 83

第 10 章 D^2CB 设计阶段（Design） ……………………………… 86

10.1 治理层（Tier 1）设计 ………………………………………… 86

10.2 管理层（Tier 2）设计 ………………………………………… 111

10.3 控制层（Tier 3）设计 ………………………………………… 136

第 11 章 D^2CB 实施阶段（Do） …………………………………… 141

11.1 任务与投资分析 ……………………………………………… 141

11.2　行动路线 ……………………………………………………… 145

第 12 章　D²CB 测量阶段（Measure） ……………………………… 147

12.1　风险管理 …………………………………………………… 147

12.2　实施前验证 ………………………………………………… 147

12.3　变更管理 …………………………………………………… 148

12.4　持续改进 …………………………………………………… 148

附录 A　规范性文件目录

A.1　纵向分类法：从上位法到下位法 ………………………… 149

A.2　横向分类法：按照不同的事项 …………………………… 151

参考文献 ……………………………………………………………… 180

理论篇　基于 PD²M 的规划指南

第 **1** 章 One

必要的基础知识

1.1 引言：为什么需要规划

在日常应用中，我们一般不会刻意区分"规划"和"计划"。例如，"凡事预则立，不预则废"，其中也没有特别指明是"远虑"还是"近忧"。但无论如何，我们都认为，事前的准备是必要的。《现代汉语词典》中将"规划"解释为：比较全面的长远的发展计划。也就是说，规划和计划只是"量"的区别。规划是个人或组织根据自身发展需要，对战略、需求、目标进行分析，从战略性、长远性、全局性、方向性上考量，进而形成指导一定时期内企业生存与发展的可执行方案[①]。

规划和计划虽然意义相近，但两者并不完全等同。"计划"侧重于短期性和战术、执行层面，"规划"更多考虑的是战略层面的布局，是在"可预见的未来"条件下的行动路线（注意，不是行动指南）。或者说，计划更具体，更迫切，规划更宏观，更长远。

应该有长远的规划，也应该有近期的计划，这已经得到普遍的认可。例如，"国家'十二五'重点规划图书"以及"2016 年 5 月中国标准出版社图书出版计划"。但是在信息安全领域，真正进行规划的企业并不多。目前大多数企业的信息安全建设属于"事件触发型"或"项目建设型"，在发生信息安全事件时才想起来进行信息安全的投入和建设，在建设时没有进行体系化、针对性的考虑和设计，仅仅以单个信息安全产品、服务进行堆叠，头痛医头，脚痛医脚，最终效果不理想，这导致信息安全部门成为企业的救火队。

为构建信息安全纵深防御体系和全面提升防护能力，应当对信息安全工作进行顶层设计和全面规划布局，明确总体工作思路、任务和重点，才能最终建立科学、合理、有效的信息安全管控体系。信息安全规划作为企业战略在信息安全方面的落实和扩展，是以企业整体发展战略、信息化规划为基础，考虑外部合规、内部管控需要，诊断、分析、评估企业信息安全差距和需求，并结合信息安全最佳实践以及发展趋势，总结和提出企业信息安

---

① 引用自百度百科的词条"规划"。

全建设的远景、目标、框架、任务和行动路线的过程[②]。

1.2　企业架构（EA）

1.2.1　EA 的概念

企业架构（Enterprise Architecture，EA）是企业为成功开发和执行战略，所使用的一个全面的方法，也是进行分析、设计、规划和实施的一个定义良好的实践。企业应用架构原则和实践来指导组织通过业务、信息、流程和技术变化需要执行其战略[③]。EA 是在信息系统架构设计和实施的实践基础上发展起来的，EA 是：1）适应企业业务变革的方向盘；2）建设企业信息化的蓝图；3）沟通业务与信息技术见的桥梁；4）实现了业务、信息、应用和技术之间的协同[④]。有效的企业架构 EA 对企业的生存和成功具有决定性的作用，是企业通过 IT 获得竞争优势不可缺少的手段[⑤]。EA 是 Zachman 在 1987 年提出[⑥]，经过近30年发展，使用广泛的 EA 主要有 Zachman，TOGAF，FEA 和 DoDAF 等。

1.2.2　Zachman 框架

Zachman 框架发布于 1987 年，到目前为止还是最权威的 EA 之一。1980 年代，John Zachman 参与了 IBM 的业务系统规划（Business System Planning，BSP）项目，这个项目的目的是分析、定义、设计组织的信息架构。

最早的 Zachman 框架全称为信息系统架构框架（A Framework for Information Systems Architecture），其中只包含了三列：What、How 和 Where，Matthew & McGee（1990）[⑦] 增加了 When、Why 以及 Who，这就形成了经典的 5W1H。并最终形成了现在的结构，如图 1-1 所示。这个结构几乎被全盘复制到了 SABSA（一种安全架构模型，见 1.3.3）中。

目前，Zachman 框架版本发展到 3.0。但是 Zachman 框架不提供任何方法论的指导，只是一个组织结构的本体论（Ontology），或者说只是设计文件、规范和方法的集合。同样，在下文中的 SABSA 也不提供实施的方法论。

---

②　隆峰，谢宗晓，信息安全规划思路初探，中国标准导报，2015 年第 11 期.

③　A Common Perspective on Enterprise Architecture Developed and Endorsed by The Federation of Enterprise Architecture Professional Organizations，全文请参考：http://feapo.org/wp-content/uploads/2013/11/Common-Perspectives-on-Enterprise-Architecture-v15.pdf。

④　郭树行，企业架构与 IT 战略规划设计教程，清华大学出版社，2013. pp. 7-15.

⑤　Open Group StandardTOGAF® Version 9.1，http://www.togaf.org。

⑥　Zachman JA. "A framework for information systems architecture". IBM Systems Journal，Vol. 26. No. 3，. 1987. 全文在：http://www.zachman.com/images/ZI-PIcs/ibmsj2603e.pdf。

⑦　Matthews. R. W. & McGee W. C.（1990）. "Data Modeling for Software Development". IBM Systems Journal 29（2）. 228-234.

	Why	How	What	Who	Where	When
Contextual	Goal List	Process List	Material List	Organisational Unit & Role List	Geographical Locations List	Event List
Conceptual	Goal Relationship	Process Model	Entity Relationship Model	Organisational Unit & Role Relationship Model	Locations Model	Event Model
Logical	Rules Diagram	Process Diagram	Date Model Diagram	Role Relationship Diagram	Locations Diagram	Event Diagram
Physical	Rules Specification	Process Function Specification	Date Entity Specification	Role Specification	Location Specification	Event Specification
Detailed	Rules Details	Process Details	Data Details	Role Details	Location Details	Event Details

图 1-1　Zachman 框架⑧

1.2.3　TOGAF

开放组体系结构框架（The Open Group Architecture Framework，TOGAF）是一个在全球范围内得到最广泛应用的免费架构框架。TOGAF 很重要的一个改进是本身带有方法论，即架构开发方法（Architecture Development Method，ADM）。ADM 的基本思想还是类似于 PDCA 的"运转，监督，反馈"，并由此分为步骤 A 至步骤 H，外加一个准备阶段。TOGAF 目前最新版本⑨为 V9.1，发布于 2011 年。

1.2.4　FEA 框架

联邦企业架构（Federal Enterprise Architecture，FEA)⑩，是美国联邦政府在用的 EA，相当于美国电子政务的顶层设计，对政府有较大的借鉴意义，当然层级分明的大型集团公司也可以借鉴采用。

---

⑧　该图片来源于：https：//en. wikipedia. org/wiki/File：Zachman‐Framework‐Detailed. jpg.

⑨　http：//www. opengroup. org/togaf/.

⑩　http：//www. whitehouse. gov/omb/e‐gov/FEA 有大量可以参考的资料。

2013 年公布了 V2 版本[⑪]，FEA 定义良好，其中也包括了方法论，称为合作计划方法论（Collaborative Planning Methodology，CPM），其中包括了两个最重要的步骤：1）组织与计划；2）应用与测量。本质而言，跟 PDCA 也类似，但是 CPM 应该是目前 EA 领域最清晰的步骤定义，见图 1 - 2。

图 1 - 2 FEA CPM[⑫]

1.2.5 DoDAF

DoDAF（Department of Defense Architecture Framework）是美国国防部发布的 EA，其前身为 C⁴ISR（Command，Control，Communications，Computers，Intelligence，Surveillance and Reconnaissance）体系结构框架。2009 年发布 2.0 版[⑬]，2010 年 8 月公布最新版本 2.02[⑭]。

由于本书中参考较多的 EA 为 FEA 和 TOGAF，限于篇幅，本书对 DoDAF 不再做过多的介绍。

1.3 企业信息安全架构（EISA）

企业信息安全架构（Enterprise Information Security Architecture，EISA）[⑮] 指应用全面严格的方法描述当前或 / 和以后的安全结构、安全过程、信息安全系统、人员和组织子单元，并使之与组织的核心目标及战略方向相校准（align）[⑯] 的实践活动和行为。EISA

[⑪] 免费下载地址：https：//www. whitehouse. gov/sites/default/files/omb/assets/egov- docs/fea- v2. pdf，文档共 434 面。

[⑫] 图片来自：Federal Enterprise Architecture Framework（Version 2）14 页的图 1，但是我们只截取了图片的一部分，下载地址同上一项注释。

[⑬] 在 https：//en. wikipedia. org/wiki/Department_of_Defense_Architecture_Framework 有全面介绍。

[⑭] 下载地址：http：//dodcio. defense. gov/Portals/0/Documents/DODAF/DoDAF_v2_02_web. pdf.

[⑮] 本节内容参考了维基百科的“企业信息安全架构”词条，原文请参见：https：//en. wikipedia. org/wiki/File：The_Zachman_Framework_of_Enterprise_Architecture. jpg.

[⑯] “校准”的英文是 align，这个词汇没有通用的中文翻译，但是在管理学领域，尤其是信息系统研究领域，战略校准是研究热点。

在战略层面一般强调 alignment，即无论是信息安全的战略还是信息系统的战略，都应该与组织的整体战略保持一致。在更细的策略或流程层次，则强调整合（integrate）或嵌入（embed）。例如，已经有人力资源的管理规程，需要嵌入安全管理的部分，或者已经有事件管理规程，将其与信息安全事件管理进行整合。总之，校准（align），整合（integrate）和嵌入（embed）是值得深入研究的三种方法。

虽然往往涉及诸多信息安全技术，但是更重要的还是与之相关的业务流程优化、业务安全架构、绩效管理以及安全过程架构等内容。

EISA 是整体企业架构的组成部分之一，其最重要的任务就是保证 IT 安全与业务战略保持一致或校准（be aligned）。EISA 应力求从业务战略到支持这些战略的技术之间保持可追溯性。EISA 是信息安全技术治理（governance）[17]最重要的组成部分，已经在全世界范围内得到广泛的应用。从定义来看 EISA 不是名词，而是实践活动或行为，实际上就是信息安全规划最重要的组成部分。

1.3.1　EISA 的提出、目标与方法论[18]

EISA 最早由 Gartner 在 2006 年提出[19]。原来业务架构（Business architecture）、信息架构（Information architecture）和技术架构（Technology architecture）合称 BIT，在加入了安全架构（Security architecture）之后，就成了 BITS[20]。

EISA 主要实现以下目标：

- 提供结构，具备连贯性和一致性；
- 必须（must）能实现业务到安全的战略校准；
- 定义是自上而下的，起源于业务的战略；
- 确保所有的模型和应用都能追溯到业务战略，特定的业务需要以及重要的原则；
- 提供抽象概念，从而使得复杂的因素（例如，地理或技术领域等）可以按不同的粒度需要被移除或恢复；
- 为组织内信息安全建立通用的"语言"。

一个强的 EISA 应该能够回答如下关键问题：

- 组织对信息安全风险持什么态度？
- 对组织安全而言，现有的架构是否支持或增值？
- 有没有可能修改现有架构从而实现组织增值？
- 以目前所知，当前的架构支持还是阻碍组织以后要实现的目标？

---

[17]　治理与管理具有不用的含义。

治理（governance）是外来词汇，起源于拉丁文或希腊语"引航"（steering），这清晰的指明了治理与管理的不同之处，或者说，治理更偏重方向性问题。这种差异导致在越宏观的领域，治理词汇的出现越频繁，例如，社会治理，环境治理，到公司治理，在细分领域则相反，例如，信息安全治理就较少出现。

ISO/IEC 27014：2013 中认为信息安全治理的目的是：（1）使信息安全目的和战略与业务目的和战略一致（战略一致）；（2）为治理者和利益相关者带来价值（价值提供）；（3）确保信息风险得到充分解决（责任承担）。

更多信息，请参考：谢宗晓，周常宝，信息安全治理及其标准介绍，中国标准导报，2015（10）．

或者参考：ISO/IEC 27014：2013 Information technology——Security techniques——Governance of information security。

[18]　方法论，methodology。

[19]　Kreizman，G. and B. Robertson，Incorporating Security into the Enterprise Architecture Process. 2006，Gartner，Inc. 文档链接在：https：//www. gartner. com/doc/488575。

[20]　https：//en. wikipedia. org/wiki/Enterprise_information_security_architecture。

自 Gartner（2006）[21] 之后，出现了一系列的 EISA 方法论。Shariati et al.（2011）[22] 认为这种趋势的理论基础是，诸多的研究证实内部运营是组织竞争优势的一部分[23,24]。他们将这些方法论分为部分的（partial）方法和全面的（holistic）方法，我们在后续的章节中介绍主流的 EISA 方法，其中包括：Gartner、SABSA、RISE、AGM‐Based SOAE 以及 Intelligent Service‐Oriented EISA，在最后一节中以 SABSA 与 TOGAF 为例，介绍了其与信息系统架构方法的整合。

1.3.2　Gartner EISA

Gartner 定义了 EISA 这个术语，并提出了一个建议框架。Gartner EISA 强调与企业架构（Enterprise Architecture，EA）的兼容以及相互之间的合作，诸多概念也受 EA 的启发，其中定义了三个级别的抽象概念：概念的（conceptual）、逻辑的（logical）和植入的（implantation），以及三个视角：业务、信息与技术。但是，由于 Gartner EISA 出现比较早，因此其并没有提供部署方法论，只是提供了 EISA 结构与框架的通用描述。

1.3.3　SABSA

SABSA（Sherwood Applied Business Security Architecture）[25] 是目前应用最广泛的 EISA，也是本书参考最多的方法。SABSA框架主要由安全架构模型、SABSA矩阵、安全生命周期以及业务属性概要等部分组成[26]。

SABSA 的安全架构模型修改引用自 Zachman[27] 所定义的 EA 模型，分为六个抽象层，每个层次代表了不同角色定义、设计、建设和应用时的不同观点。分层模型是 SABSA 比较强调的特点之一，具体如表 1‐1 所示。

---

[21]　Kreizman，G. and B. Robertson，Incorporating Security in to the Enterprise Architecture Process. 2006，Gartner，Inc.

[22]　Shariati M. Bahmani F. Shams F. Enterprise information security，a review of architectures and frame works from inter-operability perspective. Procedia Computer Science 3（2011）537－543。

[23]　Pathak，J.，Security of Organizations'Information Systems（IS）and the Auditors：A Schematic Study.

[24]　Nachtigal，S.，E‐business Information Systems Security Design Paradigm and Model，in Department of Mathematics. 2009，Royal Holloway，University of London. p. 347.

[25]　John Sherwood，Andrew Clark & David Lynas. SABSA White Paper. 下载地址：http：//www. sabsa. org.

[26]　本段描述参考了：吴海燕和于文轩，基于企业架构的大学信息安全架构初探，武汉大学学报（理工版），2012 年第 S1 期，p. 102－106。

[27]　Published through the Zachman Institute for Framework Advancement. Reference：http：//www. zifa. com？。此处为原文的脚注。

表 1 - 1   SABSA 模型的六个抽象层[28]

业务观点 The Business View	情境安全架构 Contextual Security Architecture
架构师观点 The Architect's View	概念安全架构 Conceptual Security Architecture
设计师观点 The Designer's View	逻辑安全架构 Logical Security Architecture
建造师观点 The Builder's View	物理安全架构 Physical Security Architecture
交易者观点 The Tradesman's View	组件安全架构 Component Security Architecture
服务经理观点 The Service Manager's View	安全服务管理架构 Security Service Management Architecture

更有用的层级划分如图 1 - 3 所示。

图 1 - 3   SABSA 的安全架构[29]

SABSA 矩阵是对 SABSA 模型的扩展描述，纵向维度为子架构分类，横向维度为资产（what）、动机（why）、流程（how）、人员（who）、位置（where）、时机（when），矩阵给出了不同抽象层次的框架应当关注的内容。

---

[28] 该表格翻译自 SABSA White Paper，第 9 页。
[29] 该表格翻译自 SABSA White Paper，第 9 页。

与 Gartner EISA 不同，SABSA 引进了部署方法论，和 ISO/IEC 27001：2005[30] 相似，基本沿用了经典的 PDCA[31] 模型。SABSA 安全生命周期将安全架构建设划分为策略规划、架构设计、架构实施和管理监测四个部分，形成了一个循环的开发过程，如图 1-4 所示。

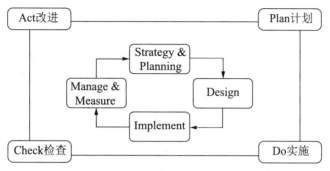

图 1-4　SABSA 生命周期与 PDCA 映射[32]

这个生命周期框架还被应用到了其中的风险管理过程中，如图 1-5 所示。

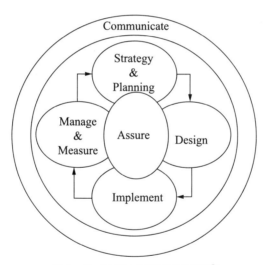

图 1-5　SABSA 风险管理过程[33]

---

[30]　ISO/IEC 27001：2005 是最重要的信息安全管理体系（Information Security Management System, ISMS）。本套丛书的主题就围绕这个展开，但不是本书的讨论的重点，感兴趣的读者，可以参考本丛书的其他分册。但是需要注意，ISO/IEC 27001：2013 已经抛弃了 PDCA 的框架。关于 ISO/IEC 27001：2013 的介绍，请参考本丛书的分册：谢宗晓，巩庆志，ISO/IEC27001：2013 标准解读及改版分析，中国标准出版社，2013. 或者参考：白云广，谢宗晓，ISO/IEC 27001：2013 概述与改版分析，中国标准导报，2014（12）.

[31]　PDCA，即 Plan - Do - Check - Do，戴明环，是质量管理体系的基础模型，详细的介绍，请参考：谢宗晓，信息安全管理体系实施指南，中国标准出版社，2012.

[32]　该图片修改自 SABSA White Paper，第 19 页。

[33]　该图片引用自 SABSA White Paper，第 22 页。

SABSA 业务属性概要通过融合各研究组织及工业界的实际经验，提出了一套针对业务属性的分类法，为企业信息架构建设提供参考。

除此之外，SABSA 还提供了一个保障框架，还是很有参考意义的，如图 1－6 所示。

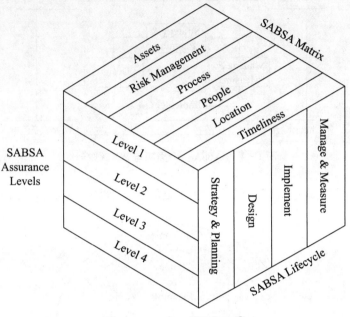

图 1－6 SABSA 保障框架[34]

1.3.4 RISE

SABSA 也强调它是基于风险驱动（risk－driven）的方法，引进 RISE[35] 则强调其基于威胁（threat－based）和风险管理（risk－managing）的方法。RISE 强调与 NIST[36] 相关标准的整合，这完全符合 NIST 风险管理框架的描述。NIST 的一系列标准也是围绕风险管理为中心，如图 1－7 所示，NIST SP800－37 Rev1 中描述了一个信息安全风险管理框架。

---

[34] 该图片引用自 SABSA White Paper，第 23 页.

[35] Anderson，J. A. and V. Rachamadugu. Managing Security and Privacy Integration across Enterprise Business Process and Infrastructure. in Services? Computing，2008. SCC '08. IEEE International Conference on. 2008.

[36] NIST，National Institute of Standards and Technology，美国国家标准与技术研究院，网址为：http：//www. nist. gov.

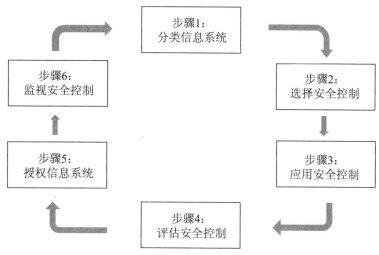

图 1-7 NIST 的风险管理框架⑦

　　风险管理是信息安全的基础，这几乎是所有的已经公布的信息安全标准的共识。但是对风险的强调程度各有不同。在 ISO 27000 标准族（ISMS）中，风险管理是部署 ISMS 的起点，但并不是整体框架，整体的框架是围绕"改进的 PDCA"展开⑧。但是 NIST 则不同，NIST 发布的标准是围绕风险管理展开的。

1.3.5 AGM-Based SOA

　　AGM-Based SOA⑨ 安全治理模型的产生是为了在 Agile Governance Model 中应用两个最重要的标准 ISO/IEC 27002⑩ 与 SoGP⑪，这涉及一个专门的子领域，即 SOA（Servic

　　⑦　该图片修改自 NIST SP800-37 Rev1：Guide for Applying the Risk Management Framework to Federal Information Systems：A Security Life Cycle Approach，发布于 2010 年。

　　⑧　如前文所述，ISO/IEC 27001：2013 整体的框架不再是 2005 版本 PDCA，而是一个改进的模型，描述不再非常程式化。

　　⑨　Korhonen，J. J.，M. Yildiz，and J. Mykkanen. Governance of Information Security Elements in Service-Oriented Enterprise Architecture. in Pervasive Systems，Algorithms，and Networks（ISPAN），2009 10th International Symposium on. 2009.

　　⑩　GB/T 22080—2008 / ISO/IEC 27001：2005，信息技术　安全技术　信息安全管理体系　要求（Information technology—Security techniques—Information securitymanagement systems—Requirements），最新版本为 2013 版。ISO/IEC 27001 和 ISO/IEC 27002 的产生以及版本演化有点复杂，此处不再赘述，具体请参考：谢宗晓，王静漪，ISO/IEC 27001 与 ISO/IEC 27002 标准的演变，中国标准导报，2015 年第 7 期。

　　⑪　SoGP（The Standard of Good Practice for Information Security）是 ISF（Information Security Forum，ISF）发布的信息安全最佳实践，下载地址为：http：//www. securityforum. org/tools/sogp/。最新的 2014 版本与下列标准族都保持了兼容：1）ISO/IEC 27002：2013；2）COBIT 5 for Information Security；3）SANS；4）The US NIST Cyber Security Framework；5）The UK Cyber Essentials Scheme。

e - Oriented Architectures）[42]·[43]。

1.3.6 Intelligent SOA

与 AGM - Based SOA 一样，Intelligent SOA[44] 属于同一子领域的 EISA 模型，而且在这个模型中，信息安全服务的选择与风险管理的实施都是基于 ISO/IEC 27002 的。

Intelligent SOA 是一个系统的、自动的管理 EISA 的模型，一共包括四层：安全数据层（Security Database Layer）、安全应用层（Security Application Layer）、整合与智能层（Integration and Intelligent Layer）以及信息安全入口层（Information Security Portal Layer）。其中，整合与智能层最重要，所有的数据域应用都在这层整合，以适应快速变化的业务过程。

㊷ Service - oriented modeling and architecture：How to identify，specify，and realize services for your SOA. http：// www. ibm. com/developerworks/library/ws - soa - design1/.

㊸ 注意，在信息安全管理体系（ISMS）行业内，也有一个缩写 SOA，意思是适用性声明（Statement of Applicabili-ty），因此有些文献中将 Service -Oriented Architectures（SOA）表达为 Service -Oriented Enterprise Architectures（SOEA），但是更常见的还是前者。

㊹ Jianguang，S. and C. Yan. Intelligent Enterprise Information Security Architecture Based on Service Oriented Archi tecture in Future. Information Technology and Management Engineering，2008. FITME '08. International Seminar on. 2008.

方法论：PD²M

2.1 可参考的方法论

2.1.1 EA 方法论之一：FEA CPM

CPM（Collaborative Planning Methodology）是 FEA 的实施方法论。在官方文档中，FEA CPM 是一系列前后相接的动作，但是并没有试图表示成形如 PDCA 这样的闭环。但是这些动作完全可以实现迭代（Iterative）。如图 2-1 所示，对照图 1-2，并无本质不同。

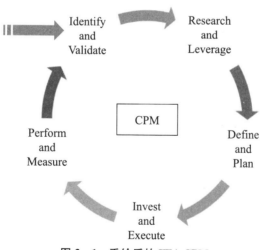

图 2-1　重绘后的 FEA CPM

FEA CPM 包括的具体步骤如下：

（1）步骤 1：识别与验证（Identify and Validate）

这个步骤主要是为了识别并评估需求，理解变革的动力，然后与利益相关者及运维团队定义、验证优化任务与目标。在这个步骤中，利益相关者的需求以及运维团队的要求相同，从而所有的利益相关者团体能够齐心协力地朝一个被充分理解的、统一的，且被验证过的输出方向努力。

这个阶段的主要输出应该包括：1）识别被得到验证的需求，或者说各方人员就 EA 问题的诉求，所形成的共识；2）整体的绩效测量；3）确定谁将最终监督并批准建议或更改以满足需求。

（2）步骤 2：研究与利用（Research and Leverage）

这个步骤需要识别已经满足要求的组织和服务供应商，或者当前面对的类似于步骤 1 识别出来的需求，然后分析他们的经历与结果以判断是否能够被应用和利用，或者与合作伙伴一起满足需求。

这个阶段结束，发起者和利益相关方应该明确其他组织的经验与结果，并确定能否利用，以满足当前考虑的需求。

（3）步骤 3：定义与计划（Define and Plan）

步骤 3 的目的是为满足步骤 1 识别出的需求所做出必要调整而开发的完整计划。建议的调整可能在架构的任何一个领域，例如，战略、业务、数据、应用、基础设施或安全。

一个完整的计划应该包括：做什么，什么时候做完，花费多少，如何测量成功，以及应考虑的显著风险。此外，完整的计划还应该包括一个时间轴，强调如果实现预期将获得的效益，以及如何测量这些效益。

（4）步骤 4：投资与执行（Invest and Execute）

这个步骤的任务是做投资决定，并实施完整计划中所定义的更改。如果在这个步骤中投资不能得到批准，那么计划者、发起者以及股东应该返回之前的步骤去修改建议。如果步骤 4 不能实施，那么迭代是很重要的，步骤 3 的完整计划可能需要各种调整，调整不限于策略更改、组织更改、技术更改、过程更改以及资源更改。

（5）步骤 5：实现与测量（Perform and Measure）

这个步骤要完成上述步骤 3 的计划，以及步骤 4 的具体操作，更重要的是要按照步骤 1 中识别的度量指标进行绩效测量。

综上所述，FEA CPM 的主要步骤及上述描述的子步骤，如图 2 - 2 所示。

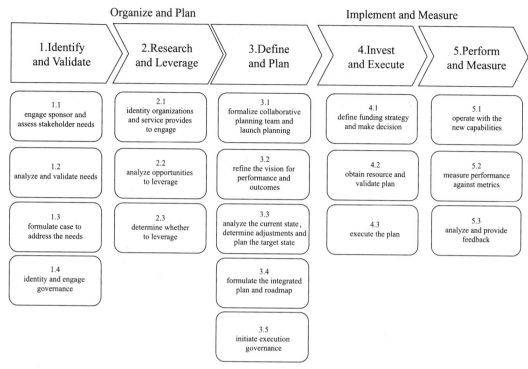

图 2 - 2　更详细的 FEA CPM⑤

FEA CPM 的优点非常明显，描述清晰，但是步骤复杂，和 TOGAF ADM 不同，在 FEA CPM 中所有的步骤都是"动作"，而没有具体的指向。FEA CPM 中一共用了 10 个动词，但是这 10 个动词都没有相应的宾语。或者说，虽然更细致的步骤中，也给出了事项列表，但是远没有 TOGAF ADM 中清晰。

该方法提供了一系列的 CRM（Consolidated Reference Model），这些模型是设计过程中参考的依据，如图 2 - 3 所示，我们重点关注的是 SRM（Security Reference Model）⑥。就这个层面讲，如果在做 EA 时考虑全面，是没有必要专门做 EISA 的，也更不需要什么 EISA 的方法论。

⑤　Federal Enterprise Architecture Framework（Version 2）14 页的图 1。

⑥　请参考 Federal Enterprise Architecture Framework（Version 2）的 51－64 页，以及 207－227 页。

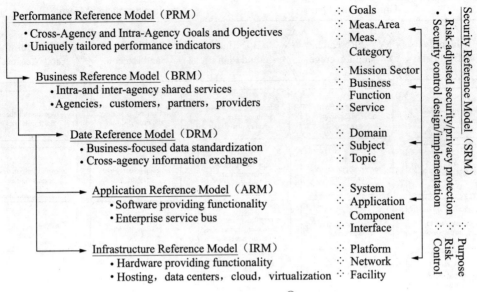

图 2-3 FEA CRM[47]

SRM 是一个整合模型，其中引用了 NIST SP800-37 Rev1。SRM 与 ISO/IEC 27002：2013 所描述的安全模型还是不同的，SRM 更围绕风险展开，这与 NIST 的诸多标准思想一致，其中区别如表 2-1 所示。

表 2-1 两种模型的对比

层	FEA SRM	ISO/IEC 27002：2013
L₁	Purpose 目的	Risk 风险
L₂	Risk 风险	Objective 目标
L₃	Controls 控制措施	Controls 控制措施

注意，如图 2-2 中的参考模型，不同的参考模型有不同的层级划分。SRM 在设计阶段会加以引用。

特别值得指出的是，FEA Version 2 的附录 F 中给出了一个风险生态系统，很有新意，如图 2-4 所示。

---

[47] Federal Enterprise Architecture Framework（Version 2）20 页的图 2。

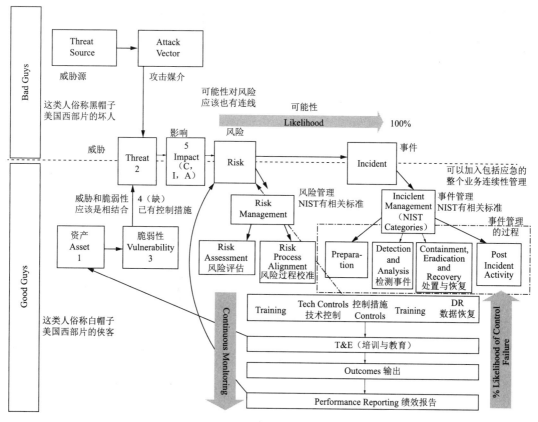

说明：双破折线是后加的，原图中没有。示例：·—·—·—·—·

图2－4 风险的生态系统⊛

图2－4本质上与ISO/IEC 27005和NIST SP 800－30等讲述信息安全风险管理的标准是一样的，但是其中加入了信息安全事件的部分，按照我们自己的理解对此又做了一定的注释和修改。

图2－4不但描述了风险的产生过程，包括了经典的六因素，即：$Risk = f（A，T，V，C，L，I）$，而且描述了风险与信息安全事件之间的关系，如果可能性达到100%，那么风险就会转化成事件。

2.1.2 EA方法论之二：TOGAF ADM

ADM（Architecture Development Method）是TOGAF的实施方法论，是"可测试"和"可重复"的方法。在V9.1的官方文档⊛ 5.2中，特意说明了ADM是"循环

⊛ Federal Enterprise Architecture Framework（Version 2）223页的图 F.5。
⊛ TOGAF® Version 9.1，47页。

（Cycle）"且是迭代的（iterative），如图 2-5 所示。严格意义上讲，TOGAF ADM 并不是好的循环，或并没有清晰的步骤化，而是一系列任务的清单。这意味着方法缺乏良好的迭代性。因为具体的任务不能反复地执行，具有良好迭代性的方法应该突出操作步骤。

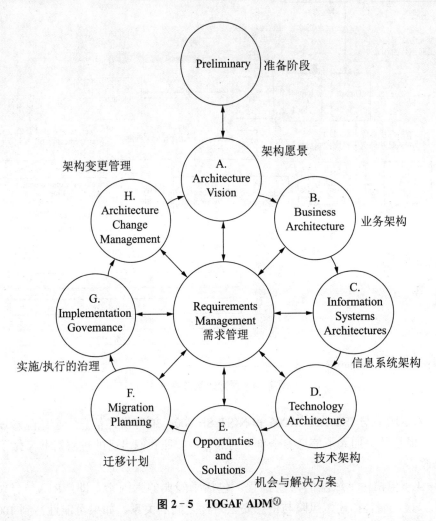

图 2-5　TOGAF ADM[50]

2.1.3　经典方法论：PDCA

PDCA 是管理学的一个通用模型，又称为"戴明环"，是戴明[51]将其发扬光大的，并应用于质量管理。PDCA 是标准的闭环，如图 2-6 所示。

---

　　[50]　图片引用自 TOGAF® Version 9.1，48 页。

　　[51]　戴明（W. Edwards Deming），1928 年获得耶鲁大学物理学博士学位，从 1950 年开始，戴明就开始讲授全面质量管理的概念，他被认为是对日本制造业和商业最有影响力和贡献的科学家。

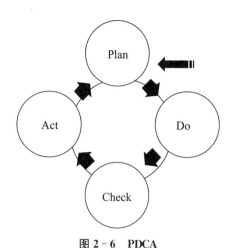

图 2-6　PDCA

　　PDCA 最早是由休哈特[52]提出来的。PDCA 循环从被描述为假设、实验及评价[53]或者 Plan，Do 与 Check 的科学方法的基础上发展而来。最初，休哈特在研究制造业时，将其过程描述为：设计、生产与检查[54]，把这 3 个过程与科学方法的假设、实验及评价相对比和联系，而且休哈特认为统计学家应该通过各种努力，帮助根据评价阶段的结论采取措施提高产品的质量。可见，这时候已经基本形成了基本的循环。20 世纪 50 年代，戴明在日本讲座时，就将这个模型修改为 Plan－Do－Check－Act，但是戴明本人更倾向于 Plan－Do－Study－Act，因为他认为 Study 在释义上更接近休哈特的原意。

　　科学方法与 PDCA 都要用到迭代。一旦某个假设被确认/否认，执行新的循环后，都将扩展知识。这种循环的不断执行，将会离目标越来越近[55]。PDCA 来源于科学方法，而科学方法的来源则非常早。最早可以追溯到 Edwin Smith papyrus[56]开始利用经验方法将治疗的过程分为：检查、诊断、治疗与预后[57]。亚里士多德定义了什么是科学方法，并且基于观察法将科学方法设置成多个阶段，培根[58]非常重视归纳法，也批判了亚里士多德的简单枚举归纳法，但是他非常瞧不起演绎法，并轻视假设的作用[59]。一直到 20 世纪，才基本形成假设—演绎模型[60]。这个模型与 PDCA 就非常类似了。

[52]　休哈特（Walter A. Shewhart），1917 年获得加州大学伯克利分校物理学博士学位，他被认为是统计质量控制（statistical quality control）之父。

[53]　hypothesis，experiment，evaluation。

[54]　Specification，production，inspection。

[55]　此处参考了：Aristotle，PDCA，Francis Bacon，W. Edwards Deming，Walter A. Shewhart，scientific method，http://en.wikipedia.org。

[56]　公元前 1600 年左右，古代埃及医生。

[57]　Examination，diagnosis，treatment，prognosis。prognosis 专门指医生对疾病结果的预测。

[58]　培根（Francis Bacon），英国哲学家。

[59]　罗素著，何兆武，西方哲学史（下卷）. 李约瑟，译. 商务印书馆，1963。

[60]　假设-演绎模型，hypothetico－deductive model。

如上文所述，虽然 ADM 和 CPM 都没有应用 PDCA 循环，但是这些模型本质都是一样的。广义而言，都没有脱离假设、实验及评价的基本科学方法。

2.1.4 SABSA 与 TOGAF 整合

如同 FEA 中有 SRM 模块，TOGAF 在 2005 年 12 月也发布过（W055[61]）Guide to SecurityArchitecture in TOGAF，而且这个子模块被整合进 TOGAF 9，TOGAF 与 SABSA 整合（W117，TOGAF® and SABSA® Integration)[62] 与发布于 2011 年 10 月，W055 现在可以作为整合的参考，在官方下载列表中已经不再单独提供。

在 EA 与 EISA 的关系上，W117 认为在很长一段时间信息安全被认为是单独的领域而与 EA 相分离。W117 的目的就是产生统一全面的架构，并描述为"EA（包括安全架构）是为了与业务系统保持校准，并支持信息系统以有效的（effective）且有效率的（efficient）方式实现其业务目标"。

TOGAF 和 SABSA 各自都提供了方法论，而且差异比较大，TOGAF 的 ADM 如图 2-5 所示，SABSA 的生命周期则如图 1-5 中虚线框内去掉 PDCA 的部分所示。W117 实际是以 ADM 为主线的 EISA 开发方法。其中对两个方法论进行了映射，但未进行整合，如图 2-7 所示。

从图 2-7 中可以看出，SABSA Lifecycle 本质是 PDCA 的变形，但是 TOGAF ADM 虽然也是循环，却遵循完全不同的逻辑。

由于 ADM 过于细致，其过程与 EA 的事件——对应，丝毫不具备抽象性。这导致的后果是这个模型的应用范围不可能扩大，在 W117 中表现得非常明显。这关系到一个问题，就是什么样的模型是好的？

Friedman[63]（1966)[64] 强调一个模型的成功与否应该从预测功能方面来评价，而不是模型是否能有效地抓住所有现实世界中的细节。换句话说，模型可以简单，如果能预测未来和提高做决策过程的效率就是成功的。

---

[61] www. opengroup. org 提供的官方文档都有统一的标号，W，指白皮书。

[62] （W117）TOGAF® and SABSA® Integration How SABSA and TOGAF complement each other to create better architectures，免费下载地址：http://www.opengroup.org/subjectareas/enterprise/togaf/。

[63] Milton Friedman（米尔顿·弗里德曼；1912 - 2006），1976 年诺贝尔经济学奖获得者。

[64] Friedman M.，The Methodology of Positive Economics，Essays In Positive Economics，pp. 3 - 16，30 - 43. Univ. of Chicago Press，1966。

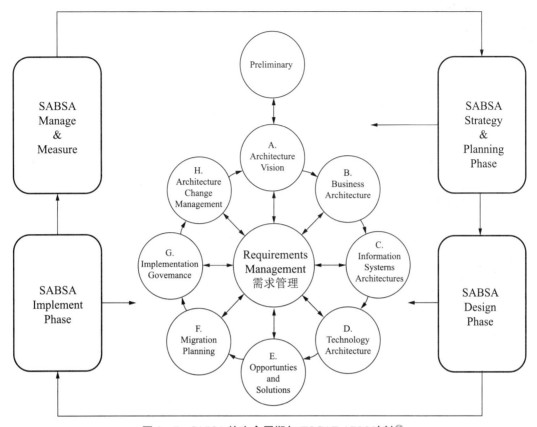

图 2-7 SABSA 的生命周期与 TOGAF ADM 映射[65]

　　Hawking & Mlodinow（2010）[66] 中给出了具体的判断条件，并用实例进行了解释。一个模型是好的，如果：1）它是优雅的；2）它包含很少任意或者可调整的元素；3）它和全部已有的观测一致并能解释之；4）它对将来的这种观测，做出详细的预言，如果这些预言不成立，观测就能证伪（falsify）这个模型。

　　Hawking & Mlodinow（2010）的描述与 Friedman（1966）的结论是一致的，只是强调的程度不同。但有一点是肯定的，就是模型不是越复杂越好。过度地与现实世界相吻合，缺乏有效的抽象，会降低模型的效能。TOGAF ADM 存在的问题就是缺乏抽象的过程，使得模型不精练，也不够概念化。但是 W117 抛弃了 SABSA Lifecycle，应用 TOGAF ADM，由于其复杂性还导致了另一个后果，即某些步骤没有对应的安全行为，例如，步骤

---

　　[65]　该图片引用自（W117）TOGAF® and SABSA® Integration How SABSA and TOGAF complement each other to create better architectures，30 页，图 13。

　　[66]　Stephen Hawking，Leonard Mlodinow，The Grand Design，BANTAM BOOKS，New York，2010，吴忠超译，第三章：何为实在（what is reality?）南方周末第 1390 期 2010. 10. 7。

E：Opportunities and Solutions 与步骤 F：Migration Planning，在整合之后没有对应的事件，如图2-8所示。

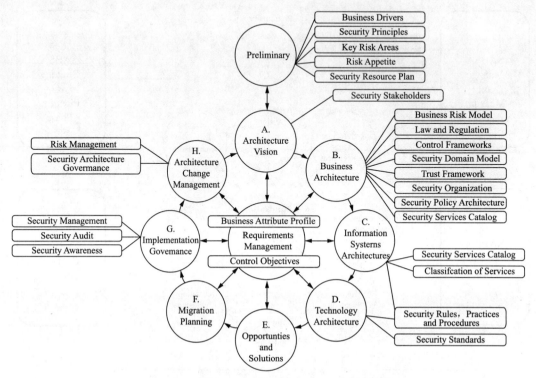

图 2-8 以 ADM 为主线的 EISA 开发事件映射[⑥]

从2-8可以看出，步骤 E 和步骤 F 没有对应的事件，而且步骤 C：Information Systems Architecture 和步骤 D：Technology Architecture 存在交叉，这严重违反了安全设计原则中，"技术手段"与"管理手段"应相辅相成的原则。如表2-1所示，按照 ISO/IEC 27002：2013，控制措施（Controls）是围绕控制目标（Objective）展开的，不能分技术或管理。

2.2 本书的方法论：PD²M

2.2.1 为什么引入 PD²M

PD²M 为 Plan-Design-Do-Measure 的缩写。

综上所述，无论是 FEA CPM 还是 TOGAF ADM，或者是 SABSA＋TOGAF，都存在

---

⑥　该图片引用自（W117）TOGAF® and SABSA® Integration How SABSA and TOGAF complement each other to create better architectures，第 33 页，图 16。

这样或那样的缺点，导致不能很好地在实践中应用。

首先，TOGAF ADM 步骤过于细节化，与实践中需要完成的时间几乎一一对应，缺乏抽象，导致"循环"与"迭代"的过程不明晰，失去了方法论的原意。其次，FEA CPM 中所有的步骤都是"动作"，体现了"循环"与"迭代"的思想。但是，其中一共用了 10 个动词，过于复杂。或者说，无论是 TOGAF ADM 还是 FEA CPM 都需要继续抽象。此外，从严格意义上讲，SABSA＋TOGAF 并没有方法论，而是直接沿用了 TOGAF ADM。在 SABSA 中倒是给出了一个与 PDCA 特别类似的生命周期，见图 1－4。

由于我们讨论的仅仅是规划，所以与 PDCA 还是存在较大的区别，PDCA 适用于完整的生命周期。因此，本书将这个过程描述为 PD²M。在总结上述方法的基础上，将各个步骤的内容映射其中。

2.2.2 PD²M 与其他方法论的映射

PD²M 与 TOGAF ADM 以及 FEA CPM 很容易形成映射关系。例如，表 2－2 展示了 PD²M 与 TOGAF ADM 之间的映射关系。

表 2－2 PD²M 与 TOGAF ADM 之间的映射

步骤	TOGAF ADM	PD²M
步骤 A	Architecture Vision 架构愿景	Plan
步骤 B	Business Architecture 业务架构	Design
步骤 C	Information Systems Architectures 信息系统架构	
步骤 D	Technology Architecture 技术架构	
步骤 E	Opportunities & Solutions 机会与解决方案	
步骤 F	Migration Planning 迁移计划	
步骤 G	Implementation Governance 实施的治理	Do
步骤 H	Architecture Change Management 架构变更管理	Measure

计划（Plan）：规划的战略考虑

3.1 战略理解

3.1.1 预备：追求"有效益"的安全

虽然诸多文献认为信息安全只能降低组织可能的损失，而不是带来实际的收益。例如，通用电气前 CEO 杰克韦尔奇曾经说过，采购和销售是公司唯一能"挣钱"的部门，其他任何部门发生的费用都是管理费用。按照这个标准，信息安全肯定不是直接"挣钱"的，也就是说，我们所讨论的经济效益更广义。信息系统、环境管理体系以及企业社会责任等研究领域，跟我们所面临的情况是类似的，例如，ERP 系统花费更高，对经济效益的贡献也是间接的或长远的，企业社会责任与经济效益之间的关系应该更曲折。从这个角度来看，信息安全与经济效益之间的关系要直接一些。

抛开信息安全为主营业务的组织[68]，其他普通组织的信息安全与经济效益也存在联系。

（1）对有些企业而言，安全本身就是价值，或者说是增值业务。例如，曾建光（2015）[69] 验证了网络安全风险感知会对互联网金融的资产定价产生影响。再举个更容易理解的例子，例如，沃尔沃将安全作为卖点，定价就高一些。同样的道理，尤其是在互联网金融环境中，网络/信息安全也会成为用户购买定价的影响因素[70]。又如，支付宝承诺账户被盗先行赔付，就可以看作是增值业务，用户愿意为此多付一些钱。

（2）对绝大多数企业而言，信息安全可以减少损失。这是间接的经济利益，不是直接的"挣钱"，当然，和上次讨论一样，这就关系到决策者对风险的偏好程度。信息安全风

---

[68] 就是靠信息安全挣钱的组织，例如，赛门铁克、启明星辰、天融信和绿盟等这种企业。

[69] 曾建光，网络安全风险感知与互联网金融的资产定价，经济研究，2015 年第 7 期.

[70] 在传统银行业务中，"为储户保密"也是重要原则，不过在互联网之前，这个貌似并没有形成增值。

险评估中，基于 ALE 的成本效益分析法[⑦]，沿用的就是这个逻辑。

我们认为，信息安全会带来直接或间接的经济效益。但是，在实践中企业不熟信息安全的热情并不高，甚至很大程度上全靠国家的强制推行，例如，信息系统安全等级保护[⑫]就是强制标准。下文中，解释这两个看似矛盾的问题。

第一个问题，信息安全为什么会带来收益？

信息安全无论是技术还是服务，都需要成本。以 ISO/IEC 27001 为例，认证需要费用，咨询也需要费用。在实践中，获取 ISO/IEC 27001 的认证企业还在成倍地增长，当然，想法各异，具体而言，按照谢宗晓（2012）[⑬] 的描述，大致分为如下几类：

（1）为了满足客户的标书要求，例如，诸多企业要求信息系统相关的供应商必须获得 ISO/IEC 27001 的认证，这导致所有的供应商都需要获取认证。以制度理论的视角看，这属于强制压力。信息安全虽然使供应商付出了费用，但是得到了更多的收益机会。或者说，没有 ISO/IEC 27001 的认证，供应商在投标阶段就已经出局了。

（2）获取（甚至是骗取）国家补贴。从 2006 年开始[⑭]，由于商务部的补贴政策，地方政府、各级协会、软件园和科技园等都有很多相关补贴。补贴的渠道一般是通过软件行业协会，这属于规范压力的范畴。虽然补贴不多，但是这样做本身就是为了扶持小微企业，咨询认证的费用也低。所以就成本效益分析，肯定是值得的。后来补贴停了，但是同类型或者同地区的企业都有 ISO/IEC 27001 认证，成了标准配置一样，这就是规范压力的来源。

（3）对于需要保护数据的单位来说，安全确实重要。很多企业有技术秘密或大量数据，安全本身对业务影响很大，一般情况下，他们的技术人员会查阅或咨询同行，怎么做比较好，很快就能找到 ISO/IEC 27001 这种高度抽象化后的"最佳实践"。例如银行，他们自己就有部署信息安全的需求，但不一定是认证。这在制度理论的视角中，叫模仿压力。这种情况，不能看一时的费用，如果出现一次安全事件，就可能是致命的。当然，这关系到对安全事件发生率的心理预期。

---

⑦ ALE，Annual Loss Expectancy，年度预期损失。这种方法的较早的介绍在：
Microsoft 安全风险管理指南，http：//www. microsoft. com/en－us/download/details. aspx? id= 6232。
通俗讲就是预测一下 ARO（Annual Rate of Occurrence），年度发生率，估算一下大致的 SLE（Single Loss Expectancy），单一风险预期损失，然后 ALE 就是两者的乘积。最后将所有风险的年度预期损失与部署控制措施的费用进行对比。更多的关于风险管理的介绍，请参考：赵战生，谢宗晓. 信息安全风险评估——概念、方法和实践（第 2 版）［M］. 北京：中国标准出版社，2016。
⑫ 此处指 GB 17859—1999 计算机信息系统 安全保护等级划分准则。其中，GB/T 为推荐性标准，GB 为强制性标准。
⑬ 谢宗晓. 信息安全管理体系实施指南［M］. 北京：中国标准出版社，2012.
⑭ 商务部也有商资发〔2006〕556 号及商资函〔2006〕110 号，文件在商务部政府信息公开查询系统（http：//file. mofcom. gov. cn）可按文号检索全文。地方政府的补贴都是建立在这两个文件的基础上。例如，苏州市关于推进软件产业和集成电路产业跨越发展的若干政策（苏府〔2011〕72 号），中"第二十一条 鼓励企业开展信息安全管理（ISO27001）认证、CMMI 认证等资质认证工作。对通过 ISO 27001 认证的企业一次性奖励 5 万元，对通过 CMMI 三级以上认证的企业一次性奖励 20 万～40 万元"。全文在苏州工业园区中小企业服务中心官网网站：
http：//sme. sipac. gov. cn/szzxqyfw/infodetail/Default. aspx? InfoID= e57d2728－79bd－4073－9a17－83de43defd34。

综上所述，就 ISO/IEC 27001 而言，从逻辑上分析，在经济效益上还是划算的。

抛开制度化/合法化的问题，我们再看一个更远一点的例子——信息安全技术是否划算。

信息安全技术中，防火墙、防病毒软件和 IDS（入侵检测系统）[75] 在信息安全业界被称为"老三样"，在今天的网络环境中，如果缺乏这些信息安全产品，遭受损失的概率几乎为 100%，个人电脑都需要有防火墙和防病毒软件，这几乎成了标配。防病毒软件开发因此成为 IT 领域比较大的产业。

当然，所有的这些讨论，都不是基于直接收益。

第二个问题，企业为什么不主动提高合法性？

如上，由于不是直接收益，导致的问题就是认知存在差异，这就容易产生分歧。例如，有的管理者是风险厌恶型，甚至较为焦虑，可能会更热衷部署信息安全。但是有的管理者是风险喜好型，则可能觉得信息安全没那么严重，不太倾向花费额外的费用部署信息安全。

当然，为什么不做信息安全的情况比较复杂，也超出了本书的讨论范围。我们根据自己的经验尝试总结一下。

虽然，单独的产品已经有了长足的发展，例如，现在的杀病毒软件，基本已经在"安装软件"和"防病毒入侵"之间建立了因果关系。但是，信息安全是一个系统工程，整体而言，目前手段和目的之间的关系还是非常模糊。目前的安全服务供应商经常搬出"水桶理论"，就是信息安全事件的出现往往是由于"最短的那块木板"。问题的关键在于，到底应该有多少木板？

这就是一个很难说得清的问题了，只能依赖于"最佳实践"，从本书的视角看，就是模仿压力。例如，ISO/IEC 27001：2005 认为做好信息安全需要 11 个控制域，39 个控制目标，133 个控制措施，这是基线。但是到了 2013 年的版本，又成了 14 个控制域，35 个控制目标，114 个控制措施[76]。也就是说原来我们所理解的"木桶"大致 133 个"木板"，几年之后，又觉得应该是 114 个"木板"。这只是其中一个"最佳实践"，类似的还有 SoGP，NIST SP800 - 53[77] 等。

由于涉及的方面多，我们不知道哪里会出事。例如，有些单位信息安全其实做得挺

---

[75] 基本原理是这样的，防火墙相当于围墙，留一个单独的门口，这就实现了有限的入口。防火墙一般会串联在网络边界上。防病毒比较好理解，就是杀死敌人的。IDS 则相当于留有记录的，类似于摄像头。没有围墙，肯定不现实，这难于管理，没防病毒软件，即使知道进来坏人，也难以清除。摄像头则是为了加强各种监控，这样才能迅速发现敌人。如果能跟其他系统联动，例如，发现摄像头自动检测异常，迅速关闭防火墙入口。更高级的就叫 IPS（Intrusion Prevention System）。

[76] ISO/IEC 27001 的 2005 版本与 2013 版本存在诸多不同，详细请参考：谢宗晓，ISO/IEC 27001：2013 标准解读及改版分析，中国标准出版社，2014。

[77] 美国国家标准与技术研究院（National Institution of Standards and Technology，NIST）。NIST SP800 - 53 是针对美国联邦政府信息安全管理的标准，可参考文献：谢宗晓，《政府部门信息安全管理基本要求》理解与实施，中国标准出版社，2014。其中有大致的条目以及 NIST SP800 - 53 与 ISO/IEC 27001 之间的映射关系。

好，却因为很不经意的一个小失误导致了安全事件的发生，有些单位一团糟，却总是不出事。在报道的信息安全事件中，很多组织其实做得不错。这导致的后果是，信息安全从业人员的认知很容易产生歪曲。实践中，很多单位领导觉得做了意义也不大，所以除非有要求，否则就糊弄一时是一时。

这种态度是可以理解的，目前信息安全管理部门一般作为 IT 企业的一个部门，对于 IT 部门负责人而言，保障信息系统服务更重要，至少领导能感觉到方便，或者网速快了之类的。信息安全则是达到预期效果，看不出什么变化，只是没出事，但是给用户增加了各种不方便，到处不招待见。

我们还是得强调，这是认知问题，并不是应该有的局面。

本质上说，原因就在于认知出现了偏差，例如，有些做得不错的单位，出了严重的信息安全事件，他们可能忽略了自己的用户数量和影响。在信息安全风险评估中，资产价值越大，面临的威胁越多。例如，银行都是加防盗门还得有保安，垃圾回收站根本不用。诸多企业，虽然做得也不错，但是考虑其在业内的江湖地位，归根结底还是对信息价值认识不足，对信息安全的认识更不足。所以几乎所有的标准都持续强调信息安全意识、教育和培训（ATE）[78] 的重要性，这也是学术研究的重点，例如，Puhakainen & Siponen（2010）[79] 和 D'Arcy et al（2009）[80] 等研究的都是这个选题。

总而言之，信息安全是有效益的，是事实层面的问题；诸多企业不主动，是认知层面的问题。

3.1.2　组织业务与战略分析

在进行信息安全的规划之前，应该充分了解组织的主营业务。在当前的实践中，确实存在一个很现实的问题，就是领导听不懂"信息安全"，信息系统或信息安全的主管并不了解组织的业务，也不能理解组织的战略。既然要追求"有效益的信息安全"，而不是"为了安全而安全"，因此，所有的信息安全活动应该围绕组织业务展开。例如，对于数据依赖组织，信息安全的首要目的是保护组织的数据，而对于一个制造企业，更重要的可能是保障工控系统的持续运行。当然，更多的组织都得重视这两方面，例如，www.12306.cn，撞库攻击[81]导致多达 131653 条用户隐私数据泄露[82]，或三天内两次系统崩

---

[78]　Awareness，Training 和 Education。NIST SP800－16 REV1 3rdDraft 中，这三个词汇是专业术语，是分等级的能力体系。参考文献，同上。

[79]　P etri Puhakainen and Mikko Siponen. Improving Employees' Compliance Through Information Systems Security Training：An Action Research Study. MIS Quarterly，2010，34（4）：757－778. 这个研究用的行动研究。

[80]　D'Arcy J，Hovav A，Galletta D. User Awareness of Security Countermeasures and Its Impact on Information Systems Misuse：A Deterrence Approach. Information Systems Research，2009，20（1）：79－98。

[81]　撞库攻击就是通过已经获得的用户名和口令，然后尝试登陆其他网站，这主要是由于我们习惯在不同的网站使用相同的用户名和口令。本质上，这不是技术问题，而是用户操作习惯所导致的问题。

[82]　http://tech.qq.com/a/20141225/052603.htm，检索时间：2015/12/1。

溃导致用户不能正常购票[83]，无论哪一种都严重影响了组织主营业务的正常运营。

此外，GB/T 22080—2008 / ISO/IEC 27001：2005 提出"采用 ISMS[84] 应当是一个组织的一项战略性决策"。这是一个很好的佐证，意思是说，组织采用信息安全管理体系（ISMS）是涉及战略层的选择（做什么），而不仅仅是战术层问题（怎么做）。

关于组织战略的理解，请参考战略管理类的文献[85]。

3.1.3　战略之间的校准（alignment）

战略校准的研究在信息系统研究[86]领域是热点，但是在信息安全研究领域中较为匮乏。在信息安全情境中，情况可能更为复杂，因为这不但要考虑组织战略，也要考虑信息系统战略[87]。

我们先说明信息安全与信息系统安全之间的关系。

原则上，信息安全出现得更早。信息系统出现不过几十年，在这之前，信息安全就早已经存在。例如，在古代战争中，抓住某个信使，截获信件，或者，即使没有有形的信件，严刑拷打后也得到了诸多信息。显然，这时候信息安全问题并不涉及信息系统，但信息的安全很重要是不言而喻的。问题是，千百年来，信息安全并没有得到足够的重视，最根本的原因就是信息安全的作用有限[88]，真正使得信息安全变得重要的，恰恰是信息系统的迅速普及。

即使在信息系统出现之后，信息安全的范畴还是要大于信息系统安全。员工可能掌握的敏感信息可能以各种载体存储，信息系统只是其中一种，有形载体的出现本质上只是由于人类大脑的局限性，或者说，如果都能记住就不需要载体了。例如，很少有人天天看着地图回家，靠记忆就行了。

信息安全与信息系统安全的关系如图 3-1 所示，在 SABSA 中也指出[89]，信息系统安全仅仅是信息安全的一部分。

---

[83]　http：//news. sina. com. cn/o/2012-12-27/145925908660. shtml，检索时间：2015/8/15.

[84]　ISMS，Information Security Management System. 信息安全管理体系，对应标准为 ISO/IEC 27000 标准族。

[85]　例如，弗雷德·R·戴维，战略管理：概念与案例（第 13 版），中国人民大学出版社，2012. 其中介绍了通用的战略管理理论，包含了诸多知名企业的案例。但是对于如何规范性的描述组织的战略，讨论并不多。

[86]　信息系统研究，Information System Research，IS Research。

[87]　更常见的词汇是 IT（Information Technology，信息技术）战略。

[88]　一般而言，技术发展的根本原因是人类的需求，需求可能表现为诸多层次和方面。

[89]　SABSA-White-Paper，第 4 页.

图 3-1　信息安全与信息系统安全

不止于此，SABSA 提出了一个概念，业务安全，认为其中包括了三个主要部分：信息安全、业务连续性以及物理和环境安全⑨。

因此，我们不能直接照搬 FEA CPM 或 TOGAF ADM。

如上文所述，虽然信息安全的出现远早于信息系统的出现时间，但是信息安全引起重视却是因为信息系统的广泛使用。这意味着，绝大部分的企业在考虑企业信息安全架构（EISA）的时候，一般已经存在基于信息系统的企业架构（EA），同时，在考虑信息安全战略⑨的时候，一般都已经存在 IT 战略。

无论是否存在正式的信息安全战略，组织的 IT 战略与信息安全战略都需要与组织战略保持准确。三者的关系如图 3-2 所示。

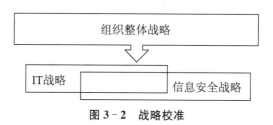

图 3-2　战略校准

信息安全战略虽然不需要与 IT 战略保持校准，但是应该充分考虑 IT 战略，防止两者有冲突之处。此外，如图 3-2 所示，IT 战略与信息安全战略互有重合之处。

---

⑨　但是这个说法与 ISO/IEC 27000 标准族的描述不太一致。不必太纠缠于这些划分，最终信息安全所涉及的具体内容都差不多。

⑨　注意，"信息安全战略（Information Security Strategy）"这个词汇很少出现，在 ISO/IEC 27001：2005 中用到词汇是 Information Security Policy，为了区分，Policy 词汇在指代细节问题时候，翻译为"策略"，在指代方向问题是翻译为"方针"或"政策"。例如，GB/T 22080—2008/ISO/IEC 27001：2005 中翻译为"方针"，GB/T 23694—2013 / ISO/IEC Guide 73：2009 翻译为"政策"。

在 ISO/IEC 27001：2013 中，更常见的词汇是 Information Security Policies，这就有"策略集"的意思了，应该把 policy 转移为治理层问题了。这其中的区别，请参考：谢宗晓，巩庆志 . ISO/IEC 27001：2013 标准解读及改版分析 ［M］. 北京：中国标准出版社，2014.

3.2 安全原则的确定

确定组织的信息安全原则，需要对组织的业务与战略有充分的理解，同时也必须建立在战略校准的基础上。

我们在 3.1.1 中给出了所有组织都应该遵循的原则，即追求有效益的信息安全。本步骤很容易流于形式，但是至关重要，由此奠定了组织信息安全实践的基础和出发点。

在本书的案例部分，我们给出了大都商业银行的信息安全建设原则，这与其他组织存在一定的共性。

3.3 基于业务的风险理解

3.3.1 关键风险区域

这里所讨论的风险分析不能过于细致，尤其不能深入到信息系统，此处主要是指关键风险区域[32]。与平时的理解一致，风险总是与机遇并存，平衡风险与机遇的关系是本步骤最主要的任务之一。

当然，无论整体风险还是特定风险，分析的过程基本都是一致的。一个完整的风险管理过程应该包括：1）分析风险，找到风险所在；2）估算风险，计算风险大小；3）应对风险[33]，对风险进行处理。

关于风险管理的相关文献，请参考《信息安全风险评估——概念、方法和实践（第 2 版）》。

还需要指出的是，在很长一段时间内，风险总是与负面的影响相联系，ISO/IEC Guide73：2009 已经去掉了 ISO/IEC Guide73：2002 的这种理解。关于对风险理解的变迁，请参考上述文献。

3.3.2 风险偏好

风险偏好[34]是组织对风险的态度，这个词汇应该来源于个体行为研究领域。风险偏好在个体行为层次表现得尤为突出。例如，有人厌恶风险，在所有的决策中都会尽量选择稳妥的途径；也有人喜欢风险，在决策中总是追求收益高但是概率可能小的途径。即使是同一件事，有人从中看到风险，有人却看到机遇。

---

[32] 关键风险区域，key risk area。

[33] 风险应对，risk treatment，这是最新的 GB/T 23694—2013 / ISO Guide 73：2009 的翻译，以前也翻译为"风险处置"或"风险处理"等，对应的英文都是一个词汇。

[34] risk appetite 或 risk Preference。

风险偏好是金融学研究领域常用概念。一般而言，人们对待风险的态度是稳定的。但是有新的研究表明，风险偏好在不同的情境中表现不一致。例如，在盈利的状态下，人们厌恶风险，但是在亏损状态下，人们可能又追求风险。不过相反的情形也能讲得通，在顺境，人们有可能对自己的判断过度自信，或对自己的运气过度自信，追求风险；在逆境，人们可能又变得输不起，厌恶风险。

组织行为比个体行为更加复杂而多变，尤其在管理者频繁变动的情况下。

在 TOGAF＋SABSA 中，风险偏好有很多灵活的表达形式。由于风险偏好不是一成不变的，所以风险偏好不是必须得明确归类。例如，在列出特殊情况下，做一个风险影响和可能性的大致表格，进行基本的成本效益分析。特殊情况可以是零容忍⑤事件的列表，如禁止出现人身伤害，必须遵守国内的法律法规。

3.4　安全资源计划

组织需要对安全所需资源做一个大致的测算，主要围绕人、财、物。例如，现有的团队是否有能力完成规划，或者请专门的咨询团队。

对风险的理解是安全资源计划的输入，如 3.1.1 所讨论的，客观上面临类似的风险，由于认知的不同，不同的组织可能产生了大相径庭的应对措施。

3.5　合规性要求识别

3.5.1　外部合规要求

外部合规是指企业与外部监管制度的符合程度，主要包括法律、法规和监管政策。企业作为一个实体，本身是有制度的，这些制度首先要保证与外部监管制度保持一致性，不能有冲突。这个逻辑只是将法律体系延伸至更微观的领域，各个省、自治区也有地方立法权，但是这些法律不能与国家立法冲突。

截至 2014 年 9 月，我国已经正式发布了 216 项信息安全国家标准（包含 1 项强制标准），12 项行政法规，17 项部门规章，30 项其他国家部委公文⑥。面对这么多的规范性文件，组织的信息安全合规性也变得越来越复杂。

在本书的附录中，我们只给出了列表，关于法律法规和监管政策，以及相关标准的介

---

⑤　zero tolerance。

⑥　经过梳理，这其中真正独成体系的信息安全实施路线实际就有两个标准族：（1）信息安全管理体系（Information Security Management System，ISMS）标准族，其中标准多等同或修改采用 ISO/IEC 27000 标准族；（2）信息系统安全等级保护标准族。

详细的介绍，请参考：谢宗晓，信息安全合规性的实施路线探讨，中国标准导报，2015 年第 2 期.

绍，请参考《信息安全管理理论与实践》的第二部分。

3.5.2 内部合规要求

内部合规是指信息安全规划应该与企业内部制度保持一致[⑰]。如上所述，对于一个企业而言，信息安全规划是兴起比较晚的，在规划时就面临与其他已有制度的一致性问题。

延伸讨论一下信息安全的特殊性。

既然讨论信息安全规划，就需要分离其特殊性，否则就没有理由单独规划，可以直接整合进其他领域。

从本书1.2和1.3的介绍，可以看出与信息安全规划最接近的是信息系统规划，信息系统规划有特定的名称，称之为企业架构（EA）。信息系统的出现改变或简化了企业的业务流程，比较典型的应用，如医院信息系统（HIS[⑱]）中，门诊取药过程的对比，如图3-3所示。

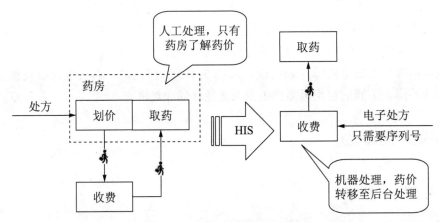

图3-3 门诊取药流程变化的对比

从图3-3可以看出，HIS系统的使用改变了传统的业务流程，这种改变必须依赖于IT技术的进步，或者说，仅仅依靠人工，图3-3中右边的流程实现不了。所以信息系统的部署必须考虑流程和IT技术。

信息安全则不同，如上文所述，没有信息系统之前，早就有了信息安全问题，解决信息安全有两种基本途径：（1）通过IT系统；（2）通过制度[⑲]。而且（1）还不是必选的，一个组织可以通过制度解决所有的信息安全问题。而且信息安全更关注控制的"点"，流程并不是不可或缺的。

---

⑰ 在诸多文献中，"内部合规"表达的是另一个意思，我们在之前的文献中，也常用内部合规来表征信息安全制度的落地。

⑱ HIS，Hospital Information System。

⑲ 关于这个问题，请参考：林润辉、谢宗晓，信息安全：从4A到4R，中国标准导报，2015年第5期。

或者说，对于信息系统而言，是制度随着技术跑，对于信息安全而言，是技术随着制度跑。例如，ERP 系统上线后，组织的流程随之变化，然后会设计一系列的制度来规范系统的运维和使用[⑩]。信息安全遵循着相反的逻辑[⑪]，组织先确定要解决什么问题，然后提出要求，最后确定如何控制，是上系统，还是出制度。两者的区别如图 3‐4 所示。

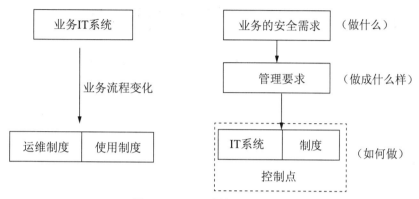

图 3‐4　IT 系统的重要度对比

从图 3‐4 可见，在信息安全中，控制措施不是随着 IT 系统产生的，恰相反，IT 系统只是作为控制措施存在，是为了实现管理要求。

基于此，我们沿用了 NIST SP 800‐39 中的分层设计，见第 4 章。

---

⑩　运维是信息技术部负责，是专业人员角度的工作，使用是全体员工的事。
⑪　原则上，信息安全制度设计在信息安全中的位置，应该与会计制度设计在财务管理中的位置同等重要，但是，由于 IT 系统解决途径的存在或对技术的过度重视，使其一直不能被引起足够的重视。

第**4**章

Four

设计（Design）: 整体架构的设计

4.1 概述

由于在信息安全规划中，IT 主要在控制点的部署上。NIST SP800－39[02]中定义了风险管理层级[03]，我们将其引用至此，三层结构如图 4－1 所示。

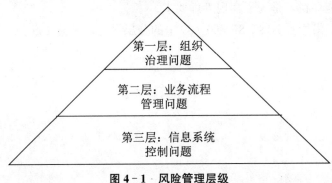

图 4－1 风险管理层级

4.2 治理层（Tier 1）设计

4.2.1 利益相关方

利益相关方（stakeholder）是公司治理领域一个很重要的概念。利益相关方是对于组

织活动能够产生影响、受到影响或感觉受到影响的任何个人或组织，决策者可以是利益相关方[104]。利益相关方的管理和需求分析等内容都已经成为管理实践的一部分。

治理的本质目的是处理"利益相关者之间的关系"，所有的利益相关者有各自的视角，例如，企业所有者追求的是利润最大化，期望的是最低安全，对CSO[105]（首席安全官）而言，安全则是其工作的全部内容，其期望企业绝对安全。因此，如何保障所有的利益相关者尽量获取期望的价值是信息安全能否成功的关键。

我们以中国石油化工集团公司（以下简称"中国石化"）为例[106]，来说明利益相关方及其管理方式。

中国石化的利益相关方包括：政府、员工、客户、供应商与承包商、社区及公众、非政府组织和有关机构等。具体如表4-1所示。

表4-1 中国石化利益相关方[107]

利益相关方	对中国石化的期望	沟通机制	回应措施与成效
政府	• 合规经营与风险防范 • 相应国家宏观调控 • 提供就业机会 • 带动地方经济发展	• 法规、政策发布 • 专题汇报和拜访	• 依法诚信经营 • 及时准确的信息披露 • 创造就业机会 • 不断提高社会贡献率 • 支持国家政策
客户	• 优质的产品 • 高效的反应速度 • 满足特殊需求 • 准确快速的投诉处理 • 良好的售后服务	• 客户见面会和意见征询 • 日常联络 • 客户反馈机制 • 电话热线服务 • 在线服务	• 持续的产品创新 • 加强客户关系管理 • 提高客户满意度 • 提高客户投诉处理率
员工	• 保障合法权益 • 满意的薪酬激励 • 良好的工作环境 • 畅通的职业发展通道	• 建议、投诉邮箱 • 谈话 • OA办公系统	• 增强员工参与管理度 • 保障员工合法权益 • 关注员工发展 • 改善薪酬激励 • 较高的员工满意度 • 较低的员工流失率
工会	• 员工的权利和收益 • 民主管理 • 企务公开	• 职工代表大会 • 基层工会组织	• 集体谈判加强交流 • 改进民主管理

[104] 定义引用自 ISO/IEC 27014：2013。
[105] CSO，Chief Security Officer。
[106] 利益相关方，http://www.sinopecgroup.com/group/gsjs/lyxgz/，检索时间：2015/12/2。
[107] 引用自中国石化官方网站，检索时间同上。

表 4-1（续）

利益相关方	对中国石化的期望	沟通机制	回应措施与成效
股东、债权人	·稳定的信用等级 ·信息披露真实、准确、及时和完整 ·保护股东利益 ·合理的收益回报	·定期报告 ·公司报告 ·推介活动 ·股东对话和反馈	·严格的风险控制 ·保持较高的盈利 ·保证股东应占利润 ·保持良好的信用等级 ·实现公司公平的企业价值
供应商	·公平采购、诚信履约 ·战略合作、实现双赢	·合同协议谈判 ·实施交流 ·招标会议	·坚持"三公"原则，严格履约 ·较高的供应商满意度 ·采购成本持续下降
金融、保险公司	·降低融资成本 ·减少风险 ·及时付款	·合同协议谈判 ·日常业务交流	·研究金融和保险政策 ·调整公司的战略，减少融资风险
商业伙伴	·优势互补 ·诚信互惠 ·信息共享	·合同谈判 ·日常会议 ·高层会晤 ·文件函电来往 ·日常业务交流	·坚持诚信、互利、平等协商原则 ·合作领域和方式创新 ·建立有效的合作关系
社区	·关注社会发展 ·共建和谐社区	·签订公益协议 ·参与志愿者活动 ·定期会议	·社区文明共建 ·公益捐赠 ·志愿者服务 ·支持教育与农村发展
媒体	·及时的信息披露 ·良好的媒体关系	·召开新闻发布会 ·发布新闻通告 ·编印媒体季报 ·现场采访 ·召开媒体见面会	·改善舆论环境 ·提高媒体对公司的美誉度 ·提高媒体对公司的认知度 ·与媒体保持沟通与合作
非政府组织	·共同倡导可持续发展	·定期参加会议或活动 ·日常联络	·提高非政府组织对公司的认知度 ·与非政府组织保持沟通与合作

在本书的案例篇大都商业银行的案例中，我们用类似的流程分析信息安全利益相关方。

利益相关方的管理对信息安全规划的成功至关重要，事实上，任何一件事的成功都是如此，因为在不同角色的视角中，存在不同的诉求，一件事的成功是众多人的合力。这个道理说起来很容易，做起来却很难。例如，对于信息安全主管而言，期望更多的信息安全投资，对股东而言，更多地考虑这些投入是否会产生效益。对于员工而言，则只关心信息安全对自己有什么影响。期望所有的人按照自己的喜好做事，这是人的通病。例如，我们常常觉得，我说得这么对，他怎么就不按照我的逻辑做？问题是，每个人眼中的世界都是主观的。对与错，本身就是主观判断。

因此，在信息安全规划中，我们必须认真考虑利益相关方的诉求，甚至要考虑隐性的、口是心非的诉求。一件事的决策，如何做，可能取决于利益或决策者的直觉，但其表现出来的却是听起来冠冕堂皇的理由，识别这些理由背后的逻辑非常重要，常常决定了一个项目的成败。

4.2.2　信息安全治理

信息安全治理[108]是指导和控制组织信息安全活动的体系。但是，在实践中，"治理"与"管理"的界限有时候不太容易分清，我们在本书中也不再刻意地区分。ISO/IEC 27014：2013[109]提出了一个信息安全治理模型可供参考，如图 4 - 2 所示。

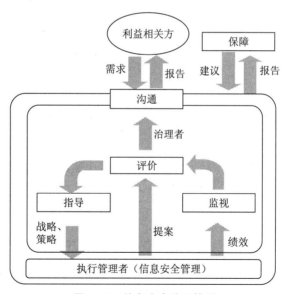

图 4 - 2　信息安全治理模型

---

⑩　governance of information security，注意这个词汇的英文。

⑩　ISO/IEC 27014：2013 Information technology — Security techniques — Governance of information security 信息安全治理，该标准已经等同采用为国家标准。

图4-2中引入了两个重要的概念，治理者⑩和执行管理者⑪。

治理者是对组织的绩效和合规负有责任的个人或一组人。

执行管理者是为达成组织意图，承担由组织治理者委派的战略和策略实现责任的个人或一组人。执行管理者可包括首席执行官/行政总裁（CEO）、政府机构领导、首席财务官/财务总监（CFO）、首席运营官/运营总监（COO）、首席信息官/信息总监（CIO）、首席信息安全官/信息安全总监（CISO）和类似的角色。

为明晰角色，ISO/IEC 27014：2013 在最高管理层内区分两组人员：治理者和执行管理者。可以把治理者理解为公司的董事会，把执行管理者理解为公司的执行层。

4.2.3　组织支撑

信息安全治理在组织的治理者、执行管理者和那些负责实现与运行信息安全管理体系者之间提供了强有力的纽带。严格讲，信息安全治理只涉及公司高层。在实践中，往往是先确定治理结构，然后才开始着手信息安全组织，基本的信息安全组织应该是管理层的问题。为了描述方便，我们放在一起讨论。信息安全组织至少包括：

（1）信息安全的最高管理层，其中包括治理者和执行管理者，如4.2.2 所讨论，这是治理层的事务。

（2）信息安全的协调机构，协调机构应该包括最高管理层和各个部门的负责人，例如，中央网络安全和信息化领导小组⑫。组织可以仿照这种模式，成立信息安全领导小组等协调机构。

（3）信息安全的内部组织，内部组织包括主管部门与配合部门，例如，中央网络安全和信息化领导小组办公室⑬，组织可以新建信息安全部主管，也可以指定信息技术部门主管。从长远来看，指定信息技术部门主管信息安全不利于权责分离，类似于审计部与财务部一个部门。

（4）信息安全的外部联系，外部联系指组织应该与诸多外部组织保持固定的联系，例如，与消防部门保持联系，以定期进行消防演练，与信息安全专业组织保持联系，以获取最新的信息安全行业资讯，与政府、电力、电信等诸多组织都应该保持联系。

有力的组织支撑是信息安全实践成功的关键要素之一。在任何管理实践中，技术都只能有限地提高战斗力，组织形式才是基础。同样的一群人，由于组织形式的不同，绩效差异可能性极大，最极端的例子是，两三个歹徒就会成功地抢劫一辆大巴车的乘客，技术手段的不同肯定不是决定因素，这两者最大的区别还是组织形式。歹徒组成了强有力的组织

---

⑩　治理者，governing body。

⑪　执行管理者 executive management。

⑫　中央网络安全和信息化领导小组成立：从网络大国迈向网络强国，http：//news. xinhuanet. com/politics/2014 - 02/27/c - 119538719. htm。

⑬　中央网络安全和信息化领导小组办公室是常驻机构，http：//www. cac. gov. cn/。

结构，而乘客则是完全松散的组织。

虽然在本书中信息安全治理与信息安全组织并没有占据太多篇幅，我们必须强调，这两者才是信息安全规划中最重要的部分。

4.3　管理层（Tier 2）设计

4.3.1　以风险评估为起点

一般而言，信息安全组织是通用的机构，是组织架构的细化，不需要依赖于风险评估的结果。

几乎所有的企业信息安全架构（EISA）都声称是基于风险管理[⑭]的，在 GB/T 22081—2008/ISO/IEC 27002：2005 中描述组织安全要求的来源，风险评估是最主要的来源之一。由于本书并不准备讨论风险评估或风险管理，因此不再赘述。NIST SP 800－30 Rev1 描述了风险模型，即风险是如何产生的，如图 4－3 所示。

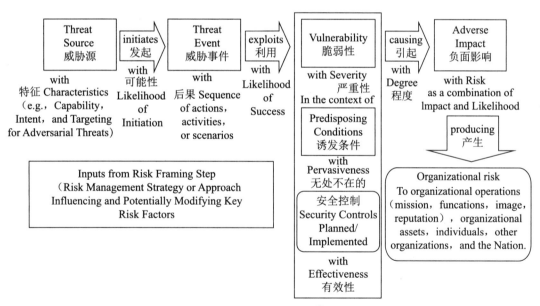

图 4－3　风险模型[⑮]

以风险评估作为起点的主要目的是获取信息安全的控制要求（4.3.3）。

---

⑭　风险评估是风险管理的一部分。
⑮　该图片引用自 NIST SP 800－30 Rev1，图 3，第 12 页。

4.3.2 安全要求/规定

安全要求/规定只是清晰地确立规矩，例如，哪些行为是允许的，哪些行为是禁止的。为什么有些行为允许，有些行为禁止，标准就是组织的业务信息安全风险。同样的行为，在不同的组织中，由于主营业务不同，导致了行为对错的判断标准也不一致。例如，企业 A 专门从事外包软件开发，为了保护客户数据，移动办公是禁止的，不同项目组之间不能相互共享数据。企业 B 专门从事安全服务，工程师需要在客户地点办公，那么移动办公则不可避免。

我们将安全要求和安全规定放在一起，是从信息安全制度设计的角度考虑。

只有组织从业务出发，才能保证"有效益"的安全。4.2.1 利益相关方的需求，4.3.1 中风险评估的结果，以及 3.5 合规性要求的识别，都是一个目的，为了获取安全要求。更通俗地讲就是，从组织业务的角度来看，信息安全应该做成什么样。

一个集团公司的典型文件体系架构[⑩]，如图 4-4 所示。

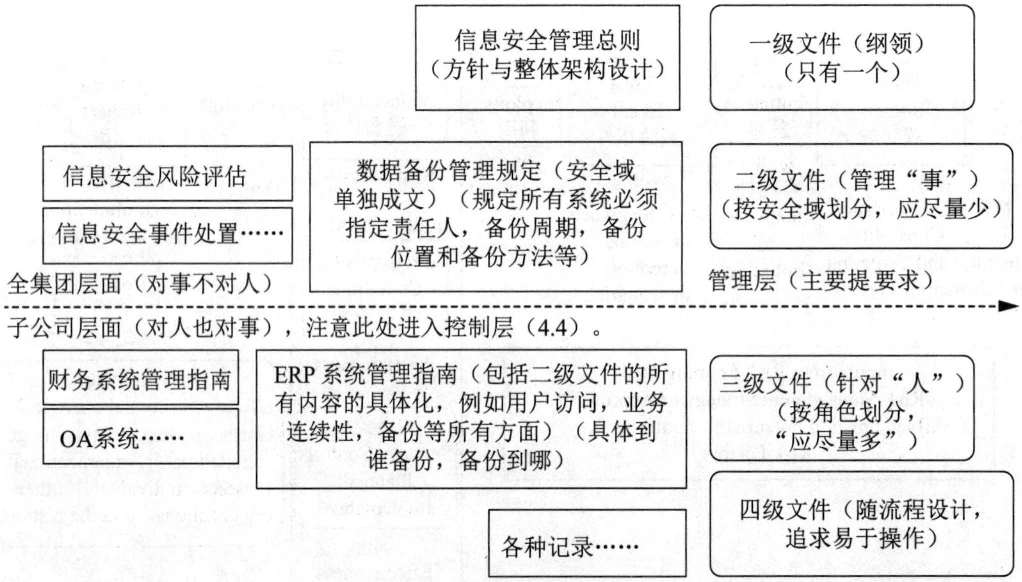

图 4-4 文件架构示例

如果控制在"提要求"这个层次，设计阶段主要任务就是确定在哪些方面应该确立规矩，或者说应该确定安全控制域及安全控制目标，而不是编写具体的制度或文件。

组织可以按照以下标准确定安全要求/规定要包括哪些：

· ISO/IEC 27002：2013；

---

⑩ 李心阳，谢宗晓，基于 ISO/IEC 27001：2013 的集团企业信息安全管控设计，中国标准导报，2014 年第 12 期。

· GB/T 22239—2008；

· NIST SP 800－53 Rev4[⑪]。

这三个标准类似于控制措施字典表，在本丛书的其他分册中都有较为详细的介绍。

ISO/IEC 27002：2013，请参考：《ISO/IEC 27001：2013标准解读及改版分析》；或者《信息安全管理体系实施指南》《信息安全管理体系实施案例》，但后两者用的标准是2005版本的。

GB/T 22239—2008，请参考《ISO/IEC 27001与等级保护的整合应用指南》。

NIST SP 800－53 Rev4，请参考《〈政府部门信息安全管理基本要求〉理解与实施》。

4.3.3 信息安全制度/技术体系

在已有的文献中，常常将信息安全管理体系和信息安全技术体系分开讨论，言外之意是保证两者各成体系。在本书的3.5.2中已经明确指出，我们不应该割裂管理和技术的关系，一旦它们各成体系，很容易落入"为了安全而安全"的窠臼。信息安全制度在本书中单独作为一节，就是要强调这种逻辑上的、事后的划分，对于信息安全规划还是很有益处的。

4.4 控制层（Tier 3）设计

4.4.1 操作指南/实施细则

如图4－4所示，在管理层确定了安全要求/规定之后，就进入了控制层，控制层是以信息系统为核心的。例如，我们确立了一系列的安全要求域，接下来则需要在信息系统级逐一落实这些控制点。如图4－5所示。

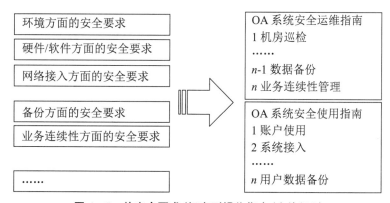

图4－5 从安全要求/规定到操作指南/实施细则

---

⑪ 下载地址为 http：//csrc. nist. gov/publications/index. html。ISO/IEC 27002：2013和GB/T 22239—2008都需要付费购买。

和 4.3.2 一致，此处我们也不需要确定具体的内容，只是有一个大致的目录，甚至只需要大致确定如何满足识别出安全要求就可以了，即确定"出制度"还是"上系统"。

4.4.2　安全技术应用

在规划中出现信息技术应用，是为了满足从业务信息安全风险出发识别出的要求，或者说，实际上我们只是关心应该用 4.4.1 操作指南/实施细则，还是 4.4.2 安全技术应用，来满足 4.3.2 的安全要求/规定。

实施（Do）：对实施过程的规划

5.1 任务分解结构（WBS）

对任务的恰当分解是项目管理的一部分，是保证项目可实施的重要步骤。之前的设计部分本质还是"纸上谈兵"，在任务分解阶段考虑的才是"可落地"。

任务分解结构（Work breakdown structure，WBS）词汇主要用于项目管理领域或系统工程领域[18]，就是把一个活动层层分解，直至最适合实施为止。WBS 的基本流程为：目标→任务→工作→活动。图 5-1 是一个典型的示例。

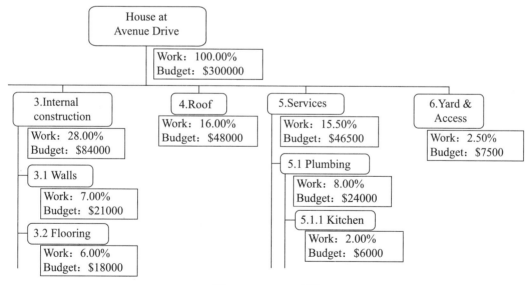

图 5-1 WBS 示例[19]

---

⑱ https://en.wikipedia.org/wiki/Work-breakdown-structure。

⑲ 这个图片来自：http://www.workbreakdownstructureexamples.com/。

关于 WBS，已经超出本书的讨论范围，请参考其他文献。在本书的案例部分有大都商业银行信息安全规划的 WBS。

5.1.1 优先级排序

确定优先级，可以建立在组织自行确定的各种指标之上，与组织的风险偏好也有紧密的联系。或者说，优先级很多时候取决于组织的主观认知。

5.1.2 考虑投资

考虑投资是"有效益的安全"的最直接体现。在信息安全规划的时候，应该从投资角度对设计阶段的输出进行重新评估，从而确定可行的项目实施轻重缓急顺序（优先级）。

应该注意，绝大部分的企业都不是从零开始，大多在原先的基础上建设，这也是从节省成本的角度考虑。此时，需要谨慎地评价现有的产品或流程是否能够满足新识别出的组织安全要求。

5.2 行动路线

5.2.1 实施蓝图/演进

任务一旦分解，不但有轻重缓急（优先级），也有实施的先后顺序，就是项目管理中所讨论的关键路径。项目演进可以用抽象的图展示，也可以通过每年、三年或五年的实施蓝图对比展示。

图 5-2 简单地演示了这个过程。

5.2.2 关注重点项目

对于重点的项目，应该单独列出，不赘述。

5.3 必要基础：信息安全意识

信息安全意识是一个统称，按照 NIST SP 800-16 Rev1 3rd Draft[20] 的描述，这其中包括了三个不同层级的概念：意识（Awareness）、培训（Training）和教育（Education）。

在信息安全实践中，几乎所有的阶段都涉及安全意识的问题。信息安全规划的意识主要指应该对实施人员进行必要的培训，以保证正确的部署、配置和操作。

---

[20] NIST SP 800-16 Rev. 1—3rd Draft 发布于 2014 年 3 月 14 日，标题为：A Role-Based Model For Federal Information Technology/Cyber Security Training，下载地址为：http://csrc.nist.gov/publications/PubsDrafts.html。

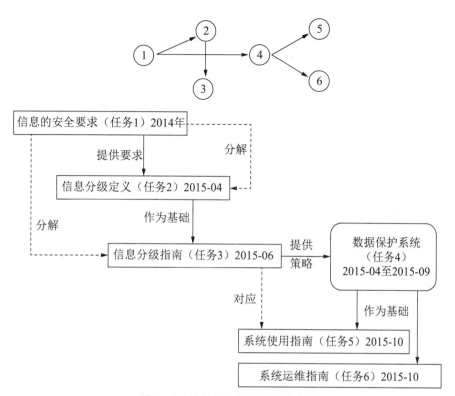

图 5‑2 信息安全的任务及其分解

测量（Measure）：必要的迭代过程

6.1　规划评审

6.1.1　实施前验证

在规划的最后阶段应该对企业信息安全结构（EISA）进行评审（review）。评审者在这个阶段对规划的内容进行评审，包括：实施过程的设计（第5章），技术体系的设计（第4章），制度体系的设计（第4章）⑫，安全功能测试直至渗透测试等。这个过程在SABSA中称为安全审计（Audit）⑫。在 ISO/IEC 27000 标准族中，专门有 ISO/IEC 27004：2016《信息技术　安全技术　信息安全管理　监视、测量、分析和评价》Information technology—Security techniques—Information security management—Monitoring，measurement，analysis and evaluation，这个描述与 ISO/IEC 27001：2013 正文的方法论保持了一致。

6.1.2　过程的迭代

实施前验证的过程可能会发现某些设计并不能满足组织的业务安全要求，类似于持续改进的过程，此时需要对上文中描述的过程进行迭代。

6.2　变更管理

在规划中，应该有规范的变更管理流程，这主要取决于组织的项目管理能力。

---

⑫　诸多文献划分了更多的体系，例如，信息安全组织体系和信息安全运维体系等，原则上说都可以整合进（制度＋技术）的框架。

⑫　在 ISO/IEC 27000 标准族中 Audit 经常被翻译为"审核"，Audit 在信息安全领域，根据情境可以翻译为"审核"或者"审计"。例如，ISO/IEC 27007《信息技术　安全技术　信息安全管理体系审核指南》。又如，ISO/IEC 27002：2013 12.7 Information systems audit considerations，等同采用为 GB/T 22081—2016，翻译为"信息系统审计的考虑"。也就是说，在信息安全实践中，我们不用太过刻意地去区分审核和审计的不同。

案例篇　大都商业银行信息安全规划

第7章

案例介绍：大都商业银行信息安全规划（D²CB）[124]

大都商业银行（DaDu Comercial Bank，D²CB）成立于 1997 年，总部设于北京，是具有独立法人资格的全国性股份制商业银行[125]，1999 年完成股份制改造，2000 年 A 股股票（6000××）在上海证券交易所挂牌上市。

截至 2012 年第二季度末，大都商业银行（以下简称"大都银行"）总资产达到21900.12 亿元，存款总额 16330.07 亿元，贷款和垫款总额 9317.29 亿元，实现净利润220.15 亿元，不良贷款率 0.61%。目前已经设立了 31 家一级分行、23 家二级分行、营业网点总数达到 820 家，全球共有员工 46030 人。

在组织架构中（图 7-1），与信息安全部署相关的人员及其介绍如表 7-1 所示。

表 7-1　与标准部署密切相关人员及介绍

负责人	角色介绍
周然辉	行长
柴璐	副行长，分管总行的信息科技工作
刘颖一	信息技术部总经理
文英	信息技术部副总经理，分管信息安全工作
闫芳瑞	信息安全主管，是信息安全的直接负责人

---

[124] 本案例可以裁剪或扩充应用至所有规模和所有类型的组织，因此在本书的描述过程中尽量不涉及与银行相关的业务内容。此外，本案例与信息安全管理体系丛书其他分册保持了一致。

更详细的案例描述，请参考：谢宗晓，信息安全管理体系实施案例（第 2 版），中国标准出版社，2016。

[125] 国内的商业银行分类主要依据"出身"，主要分为：国有商业银行（例如，中国工商银行、中国银行、中国建设银行和中国农业银行）、股份制商业银行（例如，交通银行、广大银行、广东发展银行和华夏银行等）、城市商业银行（例如本案例中的大都商业银行）、农村商业银行和外资商业银行。这种分类法与银行的规模并没有必然的联系，而且经过股份制改革，现在的银行基本都是股份制，包括已经上市的城市商业银行。例如，中国银行业监督管理委员会发布的《中国银行业运行报告（2011 年度）》中仍然沿用上述分类。

表 7-1（续）

负责人	角色介绍
张溪若	软件开发中心主任，软件开发中心是比较独立的单位，与信息技术部的关系类似于甲方和乙方的关系，一般由信息技术部提需求，软件开发中心来实现，这其中也可能包括了外包或采购
赵已	软件开发中心工作人员，借调至总行信息技术部负责信息安全项目
宋新雨	软件开发中心工作人员，借调至总行信息技术部负责信息安全项目

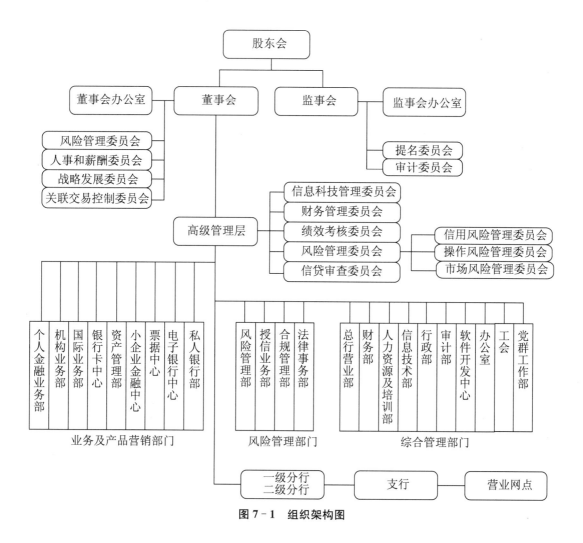

图 7-1　组织架构图

规划建设背景

8.1 安全事件引发的思考

要深刻理解安全规划工作或者安全体系化工作的意义和作用，应首先解读和分析行业内安全事件和安全风险[15]对我们的触动和启示，从安全事件中去发现问题、梳理问题、解决问题，并总结对我们日后工作有价值的教训和经验，才能改进和完善我们的工作方法和流程，建立纵深和多层次的防范措施、监控措施和补救措施，才能防患于未然，或通过及时的恢复来增强系统的可用性、可靠性，从而保障和支持业务健康、有序、安全地发展。以下我们就从最近所发生的少数几个案例，来研究银行一般会发生哪些安全事故，其背后影射出了什么问题和隐患，并重点分析韩国农信银行的案例[16]，来推导安全工作因没有全面进行规划和体系化建设而导致的后果。

事件 1：广西移动数据误删除事件[17]

2017 年 9 月 8 日，网上爆出"猛料"，某 IT 大厂帮广西移动扩容割接，因操作人员操作失误，导致约 80 万（实际活跃数据称只有 30 万）移动用户数据被误删除，经拨测发现部分用户号码无法被叫，导致用户无法通话、上网，影响钦州、北海、防城港、桂林、梧州、贺州等地本地网部分用户。事后查找某原因，是因为工程实施人员将互为灾备的各一对 DSU 单板格式化，从而导致大量用户数据被误删除，尽管发现事故后运维团队及时处置，进行了业务紧急恢复（从交割完成 5：00 发现故障开始，到重新对用户发起鉴权加载和业务数据开通，13：30 最终完成故障清除，系统全部恢复），但仍然收到中国移动客服热线 10086 约 20727 起投诉，被定性为中国移动集团的重大事故，事件在互联网爆出后，

---

[15] 信息安全风险（risk）和信息安全事件（incident）是两码事，风险本质的特点之一是"不确定性"，存在最重要的两个维度，即可能性和影响。只有真正发生了的安全风险才叫安全事件，而安全事件又按照影响分成不同的等级。

[16] 韩国农信银行的案例及其分析，请参考：谢宗晓，信息安全管理体系实施案例，中国质检出版社/中国标准出版社，2017.

[17] http://bbs.csdn.net/topics/392266751? page= 1，检索时间为 2018 年 5 月 16 日。

也广为传播，中国移动的品牌形象受到严重影响，作为故障设备的运维厂家，某大厂的品牌声誉损失也无法挽回，网上也在传播中国移动对某品牌的最终处罚为 5 亿元。

事件经验教训：

（1）现场工程师操作不规范，外包管理流程不严格，对重大操作没有多人校核。

（2）重大操作没有由运营商技术人员实施或者全程监视操作，而是委托给外包方，存在失职。

（3）重大变更前广西移动不做备份，或者没有准备好快速恢复机制。

（4）某品牌产品从设计层面未设计因误操作导致的删除或者误删除后回退的方式。

<h3 align="center">事件 2：中国工商银行系统宕机事件[12]</h3>

2013 年 6 月 23 日上午，全国多地中国工商银行（以下简称"工行"）柜台、ATM、网银业务出现故障，持续近 1 个小时。作为服务 2.92 亿个人客户及 400 多万公司客户的全国金融服务巨头，工行此次故障波及北京、上海、广州、武汉、哈尔滨等多个大中型城市。就此事件，工行的公开解释是由于"计算机系统升级原因造成业务办理缓慢"。《消费者报道》曝出一封发自工行信息科技部的内部通报，这份通报称，工行数据中心（上海）主机系统出现故障，是由于 IBM 提供的主机 DB2 V10 版本内存清理机制存在缺陷引发的。

事件经验教训：

（1）工行进行银行数据大集中，优点是节约成本、便于管理，缺点是全国用户每一次刷卡的处理都要通过该中心，只要该中心其中一块出现问题，就会殃及多个城市、多地用户。

（2）工行系统庞大复杂，虽然建立有高可用性的灾备中心，但因数据中心之间的网络和数据同步一致性的问题远比想象的复杂，关联影响非常大，如不是因为地震、火灾、恐怖袭击等导致本地数据完全被破坏，银行容灾系统不会轻易启用整体切换来换取数据的快速恢复。

（3）快速回退也比想象得要复杂，虽然这种关键性的变更需要慎重对待，银行也一般会预先按照规程做好相关的变更预案和回退方案，但中间可能出现很多意想不到的问题和预案之外的场景，可能有些情况是属于技术人员也不知道的故障和问题，升级过程中很多配置、软硬件环境都可能发生了改变，某些回退机制也不见得能解决所有问题。

（4）对国外厂商依赖性大，尤其是"IOE"（IBM、Oracle、EMC 等），所有解决方案都依赖国外厂商。

8.2　安全大环境与银行使命

在这个时代，信息化是推动经济发展、社会变革的重要力量，国家要实现民族复兴和

---

[12]　http://tech.huanqiu.com/it/2013-07/4159866.html，检索时间为 2018 年 5 月 16 日。

跨越式发展，就应当充分利用信息化的成果，加速信息技术与经济社会各领域各行业融合创新，提升生产力和管理效率，不断加强科学技术变革，增强国家竞争力和领先优势。随着信息技术的快速发展和广泛应用，基础信息网络和重要信息系统安全、信息资源安全以及个人信息安全等问题与日俱增，应用安全日益受到关注，党中央国务院高瞻远瞩，在充分保障和规划信息化、工业化大发展以改进国计民生的同时，也在网络安全与信息化发展方面进行全面战略布局，例如，等级保护工作推进十余年来，成果卓著。

2014 年 2 月 27 日，中央网络安全和信息化领导小组成立，网络安全成为国家核心利益之一，体现了国家推动信息化健康发展、维护国家利益的坚定决心；2017 年 6 月 1 日正式实施的《中华人民共和国网络安全法》，将国家网络安全推向了一个新的高度，全面网络安全法制化时代已经到来，网络安全的建设和治理，成为国家大事、要事。

银行业作为国家经济体系的重要行业之一，是国家网络安全与信息化的重要推动主体、参与主体和受益主体。近年来，我国银行业快速发展，搭乘经济高速发展的快车，电子银行、自助/智能银行、手机银行等信息化服务渠道发展日新月异，快速普及，使得金融服务覆盖更加广泛，使用更加快捷、安全、高效，产品更加多样与丰富。

然而，银行业因为其经济价值和重要地位，也不断面临着来自外部（敌对国家/势力、犯罪分子）和内部（不满的员工、不安全的操作、贩卖信息的牟利者等）的安全威胁，以及因为自身缺陷可能导致系统中断或数据丢失的安全风险，技术储备不足、人员能力有待加强、隐私和客户信息保密性高、过度依赖外包和国外技术产品服务等挑战长期存在，漏洞的持续爆发、攻击技术的持续发展也将不断挑战银行的安全应对能力，这些问题都是银行业要面对的重大难题，较长时间内，信息科技风险仍将成为银行业需要应对的重点风险领域。这就需要我们全面梳理银行业务与信息化框架，有针对性地设计适宜的信息安全保障体系，并规划相关工作的部署。

8.3 从业务到安全

任何组织的一切活动的开展，都是以业务为终极目标的，企业的定义就很直白，"企业一般是指以盈利为目的，运用各种生产要素（土地、劳动力、资本、技术和企业家才能等），向市场提供商品或服务，实行自主经营、自负盈亏、独立核算的法人或其他社会经济组织"[19]。那么，对企业而言，信息安全对企业有没有必要开展，或者花费多大代价开展，最根本、最本质的问题就是信息安全对于组织业务的意义和价值，保障和服务业务的发展是信息安全工作的核心价值，也是其最原始的出发点，信息安全工作也应该立足于业务战略并与其保持高度的一致，将其融于业务的血脉之中，助推"血液"的有序、高效、健康流动，才能使整个躯体（企业）焕发生机与活力。

---

[19] 引用自百度百科的词条"企业"。

那么如何从业务发展的需要提炼出合理、适用的信息安全需求，从而为信息安全工作的框架设计与工作规划提供明确指导和要求呢？他们之间有什么直接和间接的联系呢？

我们结合本书理论篇中的"PD²M 与其他方法论的映射"，借用 TOGAF 的框架，来进行分层解读。TOGAF ADM 框架与信息安全框架分层对应关系如表 8‑1 所示。

表 8‑1　TOGAF ADM 框架与信息安全框架分层对应关系

序号	层级	对应	分类
步骤 A	架构愿景 Architecture Vision	企业战略愿景理解	Plan
步骤 B	业务架构 Business Architecture	企业业务解读	Plan
步骤 C	信息系统架构 Information Systems Architectures	信息化解读	Plan
步骤 D	技术架构 Technology Architecture	包含信息安全框架	Design
步骤 E	机会与解决方案 Opportunities & Solutions	信息安全各解决方案	Design
步骤 F	迁移计划 Migration Planning	信息安全落实执行	Do
步骤 G	实施的治理 Implementation Governance	信息安全框架的落实	Check
步骤 H	结构变更管理 Architecture Change Management	对信息安全框架的运维	Measure

TOGAF 框架的第一层为"架构愿景"。架构愿景可以理解为组织的发展战略、远景目标等，是组织的最顶层框架与发展总纲，描述组织的远景规划、发展方向与终极目标，在可预见的未来将不会进行大的改变，或长期保持不变，组织所有的业务都将围绕此架构愿景进行部署和发展，架构愿景是进行信息安全工作规划首先要考虑的层面。

第二层为"业务架构"，组织业务是支撑组织架构愿景的具体工作任务，是完成战略目标、达成架构愿景的有效手段和必要途径，它是通过市场调研、可行性分析、优劣势对比、方法研究、实践论证等得出的组织最佳商业思路、技术手段和管理模式的综合，从而指导企业各项生产、经营和管理活动的开展，并产生优质、高性价比、强大竞争力的产品和服务，以帮助组织获得竞争优势，赢得市场。业务架构是进行信息安全规划的基础，不进行业务架构分析，研究信息安全保护的对象与落脚点，信息安全规划将是"无米之炊"。

第三层为"信息系统架构"，此层可对应为国内常说的信息化架构（因描述的是企业整体信息安全框架，所以不可能为单个信息系统的架构，而应该是整个组织的信息"体系"的架构，与信息化架构同义），信息化架构将以提高组织业务（生产、经营、管理等）效率为目的，整合和优化组织人、财、物、时间等资源，最大化地利用信息技术的高效、高速、高质、安全、可靠等优势，极大改善工作流程，改进技术方法，信息化是信息安全的落脚点，信息安全工作往往也是通过信息化的技术手段实现的，是信息化工作的重要组成部分，进行信息安全规划不能脱离信息化架构。

以上三层都为信息安全的直接或间接上层，它们的特点、变化都能使信息安全工作的边界、重点、重要程度等产生不同，从而导致信息安全规划的需求变化，而后面的三个层级属于信息安全工作的子层级或者对信息安全工作自身的运行和维护管理，不对信息安规划的总体方向、强弱程度产生大的影响，只可能对信息安全具体工作（流程、措施、策略等）细节产生指导作用，因此不纳入信息安全规划的需求影响因素，信息安全的"规划"显而易见是一个更大的层面。通过对战略、业务、信息化等三个层级的分析和研究，可有效帮助自上而下分析、提炼出信息安全工作的总体需求，从而为信息安全规划的影响因素分析提供充分的理论和现实依据。

以下我们以大都银行为例，进行逐层剖析，逐步分析从战略、业务、信息化到信息安全自身等对信息安全的需要程度及重要性。

8.3.1 战略导向

组织的业务发展战略是企业对环境变化、组织变革的适应机制，是组织对其自身价值的定位，是阐述通过某些业务的变革、职能的应变等的调整以获得或保持竞争优势的计划，是对其自身在可预见时期内达成某种发展目标的最高期望，是组织用精辟、简洁的文字描述的企业在当前商业、技术、政策等环境下的战略理想与最终方向，它解决的是前瞻性、战略性、使命性问题，组织的一切活动和行为都应围绕"企业战略"这一核心目标进行，信息安全工作同样也不例外。一般情况下，通过我们对组织战略的分析和解读却发现，信息安全与组织发展战略不会存在明显或直接的逻辑和因果关系，因此，我们可能需要对战略目标进行解读、细分或工作内容分解（WBS），并结合当前实际环境，逐步分析和梳理出信息安全能为组织发展战略所起的重要关键性作用以及价值，为我们找准信息安全工作的定位提供坚实和充分的理论依据。

比如国内某大型能源企业，发展战略就在于：在瞄准具有国际领先水准的煤炭综合能源企业，集成煤炭开采、化工、运输、发电等产业链一体化发展，并积极担负国家能源安全与和谐社会的重要使命，提出建立"本质安全型、质量效益型、科技创新型、资源节约型、和谐发展型"的"五型企业"发展战略。而"本质安全型"以及"科技创新型"等内容中，就涵盖了包括利用信息化提升生产、管理、经营效率，通过信息安全保障工作来促进安全生产、保护生产数据的内容。比如，针对工业控制系统的安全建设，可以减少和规避敌对国家利用安全性漏洞对国家电力网络、企业生产系统进行破坏的可能性；通过对瓦斯监控、矿下人员定位等安全生产系统的高可靠性、可用性、防非法操作等保障，可以保护业务管控系统和工作人员生命财产的安全；同时，加强对煤资源探矿数据、产量数据等核心商业秘密数据的保护，加强人员安全意识、安全流程、安全操作、安全风险管理等的建设，也是保护企业竞争力、建设"五型企业"业务战略的重要内容之一。

而针对大都银行而言，在全球经济金融市场一体化的今天，银行多地域、多层级、国际化发展趋势加剧，云技术、大数据、移动应用、物联网等新技术的发展与应用，导致传统银行业不断受到电子银行、互联网金融等新兴金融业务的挑战，互联网思维、跨界经营如火如荼开展，各大银行业都在积极转变思维，寻求创新，紧跟行业发展趋势，以期在发展与变革中占据有利优势，实现降本增效与业务增值。大都银行作为一家全国性股份制商业银行，紧跟行业与市场大潮，借助政策与自身优势，制定了符合自身发展的业务战略。其整体发展战略为：全面推进大都银行业务创新与再增值，坚持改革和发展的主题，以创新和科技为动力，以规范和稳健为保障，以效益和质量为目的，努力实现跨越式发展，争取率先与国际通行准则接轨，力争在综合竞争力方面成为我国股份制商业银行的领头羊。

从本战略我们可以进行以下深入解读：

（1）业务创新与业务增值是大都银行实现业务转型、业务拓展和利润增值的最佳手段。创新和科技是银行发展的原动力，当前大都银行主要创新多来自电子银行、手机银行、移动支付等方面的业务，大都银行业务增值主要来源于创新服务中提供的多种增值服务，如自动缴费、电子转账、网上理财、网上商城、自助银行等，通过提供多种增值服务以挖掘更多的非利息收入来源，最终提升银行运营效率，提高服务品质，创造更多的利润。大多数人对电子支付、手机银行新业务是否接受往往都取决于对其安全性的质疑，因怀疑电子支付是否容易被人窃取资金、发生交易故障等而拒绝使用，大都银行应通过提升应用的安全性、加大安全意识宣传力度或者使用转移风险的方式（为交易投保）来加强用户对该应用、业务的信任。信息安全建设是获取客户信任、保障客户利益的最直接有效的手段。

（2）坚持以开放和发展的主题，并以创新和科技为主要驱动力。伴随经济增长速度适度放缓、经济增长方式逐步转型，特别是固定资产投资需求回落、出口环境恶劣、国外势力的恶意打压、能源资源紧缺加剧和房地产行业震荡，我国产业结构面临新一轮的调整，银行业信贷相关业务的营销难度也将随之增大；国家通过宏观经济调控手段多方位介入，也使商业银行在制定业务发展策略、安全风险策略（含业务风险、监管风险、安全风险等）时面临更大的不确定性。商业银行既需要调整传统资金来源、信贷等业务结构和客户来源结构，以及对应的管理、营销结构，提高抗风险能力，又要开辟非信贷、非储蓄资产的增值性收益业务，提升客户综合收益率和公司金融业务资产收益率。这就需要大都银行不断调整业务形态，不断开发新的业务，稳扎稳打，在不断控制各方面风险的情况下进行业务调整和变革。银行业务的信息化、智能化、移动化是商业银行未来一段时期内的长期主体，利用信息技术实现业务效率的提升、智能化的管控、挖掘大数据以辅助战略性决策，并为最终客户带来便利与效率，才能适应不断变化的业务挑战。防控安全风险、提升效率、进行业务增值，是驱动业务快速与发展的基础动力之一，信息安全技术措施和信息安全流程管理将会对业务风险管控起到至关重要的作用。

（3）以规范和稳健为保障。规范是指符合监管要求，也包括信息安全相关的要求，尤其近年来对国家对信息安全的重视，作为国家经济命脉行业，银行业也担负着保护国家金融安全的重任，国家与人民银行最近要求保障银行业务以及数据的自主、安全、可控，避免国家金融数据被国外敌对势力窃取、分析并加以利用，而对我国金融市场造成震荡和破坏性影响，需要我们加大对信息科技风险、外包风险、操作风险的监管力度，这其中很多内容与信息安全息息相关。稳健也包括银行业务的可靠与可用，银行业务、数据的保密、完整、可用、可靠，是银行业务稳健的具体表现内容的一大方面，达到高冗余、高容错、快速恢复能力是我们保障业务稳定与连续的基础，信息安全工作是其中的关键环节。

通过以上分析，我们可以看到，信息安全是不可或缺的基础性安全保障手段，是实现业务战略、规避业务风险、保障业务发展的有效方式，正是因为信息安全的保驾护航作用，大都银行才能实现业务的健康、稳健增长，最大化避免业务和金融风险的发生。

8.3.2 业务驱动

从理解和服务于战略出发，但信息安全的最终落脚点却还是在于业务。业务是战略的具体表达，是对战略任务的细分和现实理解。一项项具体服务于战略任务的完成，才导致业务战略最终实现。业务是驱动任何组织开展一项具体工作最坚实的基础。从组织的根本利益点出发，能解决组织实际业务问题，有利于组织业务的发展、进步并能产生实际业务效益的工作，才是对组织有实效的、有意义的工作，信息安全工作也同样如此。

从银行业自身的发展趋势来说，近年来中央全面深化改革开放，国内经济快速发展，人民币国际化、新型城镇化的加速推进也为银行提供了更大发展空间。同时，在信息经济和互联网金融冲击下，以及互联网金融跨界经营者的出现，也使银行间竞争更加激烈，大数据时代悄然来临，加之云计算、物联网发展的发力，信息技术产业面临新的技术变革。作为数据密集型企业，银行业也面临来自业务拓展、变革与信息处理效率的双重压力，银行经营方式也将从以产品、客户为中心过渡到以数据为中心，数字化、信息化驱动银行业务转型将成为不可逆转的趋势。尤其目前第三方支付已经通过前期不懈的努力，夯实了大数据的坚实基础，在有些领域（数据分析和有价值数据提取，智能化，用户服务体验等）已经大大领先于银行业，在网络支付、电子商城、生活服务、互联网金融等领域给银行业带来巨大竞争压力，将进一步加剧市场竞争和细分。业务的变化，将导致银行信息化重点发生变化，从而进一步导致信息安全保障的内容、重点、边界、形式发生变化。

信息安全，是作为业务的保障与服务因素存在的，如何保护好业务信息不被泄露、破坏和篡改，保障业务服务的高可用、可靠，是信息安全存在的最终目标。因此，对于业务的价值是我们进行信息安全规划的先决、必要条件。业务是信息安全工作的出发点，信息安全应该紧紧围绕业务开展，以保障与服务业务为核心目标，所以，最终是否进行信息安全建设，或者建设什么程度的信息安全水平，最重要的依据是信息安全对业务价值的大小，不能对业务产生较大价值的信息安全工作应减少或不进行投入，而应将主要的人力、物力、财力、时间投入到对保障业务起明显作用的信息安全工作中去。

在本书理论篇"1.3.1 EISA 的提出、目标与方法论"中，EISA 框架明确指出："必须能实现从业务到安全的战略校准，定义自上而下的、起源于业务的安全战略，确保所有的模型和应用都能追溯到业务战略，特定的业务需要以及重要的原则"。意即：信息安全的需求是从保障各项业务工作为出发点，通过自上而下的准确逻辑和分析方法，一步步导出的，所有的信息安全模型、应用、功能、策略等都来自对保障业务的最终分析，或来自具体的某个业务场景中对安全的需要，或者来自整体层面对信息安全建设原则性上的考虑。

图 8-1 为大都银行的核心业务总体框架，可以通过初步分析相关业务的信息化实现手段，结合信息安全经验，进而分析、了解需要采取或补足哪些信息安全手段来为此业务提供安全保障。

图 8-1 银行核心业务

如相关内容不够详细，或者不足以为我们进行信息安全需求分析提供足够帮助，我们可以再对业务模块进行再划分，将其进行内容区块分解，形成可建立业务场景分析的最小单元，并对业务场景进行分析，利用信息安全专业人员的丰富经验和综合判断，多个角度去分析和发现业务对于信息安全的依赖性，从而为设计信息安全机制、制定和调整信息安全策略提供基础依据。

比如我们抽取以下几个相对来说比较依赖信息技术、面临安全威胁和风险较多的业务场景，举例说明使用何种流程、思路、方法来进行安全需求分析，从而得到来自一线的业务安全需求，为规划工作打下基础。

第一步：建立安全分析模型

根据我们对信息安全多种模型的架构，以及考虑到在银行业务范围内，更多的是从客户→操作终端→业务边界→网络→系统→数据等的需要，并同时考虑对业务和数据的保障和运维需要，可从外至内，按技术-管理-运维的思路，建立如表 8-2 所示的信息安全分析的视角模型。

表 8 - 2　安全分析模型

序号	类别	影响因素
1	使用安全	用户缺乏安全意识，使用流程不规范，容易受诱骗（社会工程学攻击），防范意识不够
2	操作安全	系统、数据管理人员，因权限、访问控制策略、资源限制、病毒防范、安全配置不当导致的信息安全隐患
3	终端安全	银行员工使用移动银行终端、POS、ATM、银行柜员机等专业客户端时应考虑的安全防范措施；银行用户使用电脑终端、移动设备（手机等）、自助终端、网银等非专业客户端的安全防范措施
4	卡数据安全	对卡的加密、身份认证、防破解等安全性要求，以及其他符合 PCI - DSS 要求的内容
5	业务边界	外联方安全，如人民银行、公安部门、财政部门、银联、海关、交易所、合作银行、第三方支付等合作方、监管方的边界安全
6	网络安全	安全域划分要求，网络访问控制，网络带宽保障，网络防入侵，网络防病毒，网络设备安全等
7	系统与应用安全	操作系统安全、数据库安全、中间件安全、应用均衡、代码安全、防注入、防跨站、安全性测试等
8	支付安全	不可否认性、验证码（手机、图片）、安全输入（虚拟键盘、动态键盘）、防窥视、双因素认证（U盾、证书等）
9	合规性要求	对国产安全技术的要求，对自主技术的要求，对可信技术的要求，对可控技术的要求，上市要求，安全认证要求，ISO 27000 认证要求等
10	外包管理	合同管理、第三方单位管理、第三方人员管理、项目管理、采购管理、施工管理等
11	业务连续性	灾备系统、备份与恢复要求、应急预案、双活/多地多中心、硬件冗余、链路冗余等

以网银支付为例，分析其信息安全相关的需求，如表 8 - 3 所示。

表 8-3 网银的信息安全需求分析

序号	类别	信息安全需求
1	使用安全	提供《网上银行安全使用手册》，弹窗、短信等提示用户提高信息安全意识，在发放的 U 盾中加入防钓鱼、防止不安全使用宣传，普遍要求使用 U 盾、证书，不使用时应当设置可支付额度上限，重要操作有风险提示及确认
2	操作安全	涉及支付与资金，严格控制系统管理员权限，划分权限与角色，最小授权原则，为特权发放设置审核机制，为风险操作制定安全流程和手册，并严格监督执行，系统管理的重要操作设置双人协同操作机制，加强对身份的验证，使用双因素认证
3	终端安全	要求在终端上安装安全控件，或在安装终端时进行身份完全核实，提供终端安全软件、控件，对终端传输强制使用加密，使用唯一编号确认终端防止仿冒，防止加壳，防止键盘记录
4	卡安全	遵循银联技术标准与国家标准，参考 PCI-DSS 标准等
5	业务边界	业务边界划入银行的核心系统群，作为核心系统的子系统，接入银行 ESB（企业服务总线），所有系统的业务模块都位于银行核心系统安全区域内，除此之外，因需要映射至外网进行用户访问，统一按照银行核心系统的要求进行网络安全域划分和访问控制、加密等，与其他安全等级较低的系统连接时应当加强安全控制
6	网络安全	建立 RSA2048 位证书的 SSL 加密，进行安全域划分，纳入最核心安全域中，进行网络访问控制，使用防火墙、堡垒机、IDS/IPS、防病毒网关、流量清洗设备、网络安全审计、应用均衡设备、防 DDOS 设备、数据库安全审计等安全设备和措施
7	系统与应用安全	操作系统安全、数据库安全、中间件安全等都进行基础安全加固；应用代码进行安全扫描（注入、跨站等），出具安全测评报告；考虑到海量用户，使用 F5 等进行应用的均衡。使用系统和应用漏洞扫描工具定期进行漏洞检测，定期进行渗透测试
8	支付安全	不可否认性（证书）、验证码（手机、图片）、安全输入（安全控件集成软键盘、动态键盘）、防窥视、双因素认证（U 盾、证书等）、密码复杂度策略、账号自动锁定（5 次、需柜台解锁）、登录失败进行模糊提示、浏览器功能屏蔽（右键等）、增加银行预留信息、设置登录提醒信息（上次登录时间、地点，第几次登录）、设置登录限制策略（多 IP 提醒、登录地域限制）、内置网络钓鱼库、安全控件技术（消息、API 函数、内核设备过滤、防 hook 截获等）

表 8-3（续）

序号	类别	信息安全需求
9	合规性要求	《网上银行系统信息安全通用规范》《网上银行安全风险管理指引》《加强电子银行客户信息管理工作的通知》《人民银行关于银行金融机构做好个人金融信息保护工作的通知》等人民银行、银监会各项政策要求、国家技术标准
10	外包管理	网上银行应用系统进行外包开发，审核外包商资质，调查相关背景，与开发供应商签署保密协议以及软件版权归属权合同，与可能涉及重要代码的开发人员签订单独保密协议，严格控制开发人员对系统账户权限的使用，完成后由于是核心系统，在不泄密的情况下要求专业测评机构对软件代码进行安全性测评（含木马、后门、隐藏路径等）
11	业务连续性	按照银行统一的业务连续性要求，网上银行属于可用性特别高的系统，与核心系统的业务数据实现一致的双活灾备要求

8.3.3　信息化的价值

从国家层面来说，21世纪是信息的世纪，信息化引领着各行各业的深刻变革，是推动经济社会变革的重要力量。2014年2月27日，中央网络安全和信息化领导小组成立，习近平总书记亲自担任组长，再次体现了中国最高层全面深化改革、加强顶层设计的意志，显示出国家在保障网络和信息安全、维护国家利益、推动信息化发展方面的战略决心。将网络安全和信息化合二为一，从这个最大的层面来说，网络安全和信息化本身就存在相生相息的关系，其重要性都兼具国家战略层面的意义。

金融行业作为国家的"血液"和命脉，也是对网络安全和信息化极为依赖的行业，从信息化和网络发展历史来看，先有提升业务的信息化，随后才有对银行信息化业务进行安全保障的需求。中国金融行业的信息化是从20世纪70年代开始发展的，经历了几十年的学习、追赶，如今已经逐步与国际金融行业看齐与接轨，从发展历程来看，总共经历了大约四个阶段（见图 8-2）：

（1）起步阶段（20世纪70年代末期至80年代）

国内商业银行的储蓄业务、对公业务、对账业务、报表任务等实现以计算机处理代替手工操作，利用计算机处理具有效率高、准确性强、功能丰富等特点，大大提高了专项业务的工作效率，比人工操作的效率有了数倍的提升，实现了业务电子化的起步阶段，也称单机系统阶段。

（2）推广应用阶段（20世纪80年代至90年代中期）

随着网络技术的飞速发展，利用网络实现信息的传递与资源共享，能将多台单机系统、多个业务进行联合操作和处理，尤其是各类柜面业务处理系统的上线，能将更复杂的业务进行协同处理和综合管理，商业银行逐步实现了银行业务系统的联网处理，基本实现了各专业行、各营业网点之间业务的联网处理，但未能实现跨地域、大量节点、海量数据的共享和综合处理。本阶段被认为是推广应用阶段，也称联机业务处理阶段。

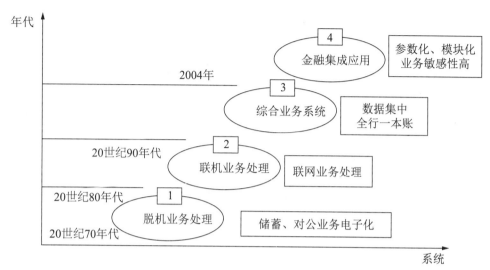

图8-2　银行信息系统发展过程

（3）综合业务系统阶段（20世纪90年代后期至2004年）

20世纪90年代各大专业银行信息系统主机纷纷升级，各大银行业务系统出现了质的飞跃，真正进入了综合业务系统阶段。各大银行先后加入了人民银行的联行系统，同时清算系统、结算系统等大型数据处理系统也纷纷上马，大多数银行业务系统实现了改造升级，业务数据基本实现了实时传输，而且大多数实现了省地级的数据处理中心，部分商业银行还实现了业务数据大集中。这个阶段也称分柜制大会计系统和大集中系统实现阶段。其主要特征是：通过银行交易系统实现会计核算和支付清算，数据大集中，全行一本账；在交易系统中加进了一些事中处理流程管理或系统外挂接了一些业务平台，包括信贷管理、风险管理、财务管理的部分流程管理和中间业务平台、银行卡系统功能等。

（4）金融集成应用阶段（2004年至今）

在信息化的极大发展后，信息处理效率以及处理能力得到了极大幅度提升，此时，信息系统已经能实现海量数据存储、批量业务数据处理、复杂功能实现，逐渐能解放手脚步入到强调真正的以客户为中心进行区分化、定制化服务的思想，从以交易驱动的会计核算系统转变为以客户为中心的按产品进行管理的交易处理系统，交易处理系统更专业化，大量事后管理功能被剥离出来，主要支撑存取款、支付、结算/清算、贷款、账务批处理等业务。而且因为银行业务的扩展、服务能力的提升，银行产品和服务也多元化、复杂化，逐步涉入城市服务、生活服务、电子商务、个人理财等多个领域，与更灵活的私营互联网企业展开全面竞争，系统能够随银行业务需求的变化快速响应市场，创新金融产品，并迅速投放市场。

本阶段信息化发展的主要特征是：

①灵活的参数化、模块化架构。可根据参数化、模块化设计思想，提高系统的兼容性和可扩展性，随时通过参数的调整来扩大系统服务的范围、容量和功能，增加定制的新功能、模块或接口，满足各类业务和客户的需求。

②金融产品和服务的快速迭代。可以随时根据市场和客户的定制化需求，通过对开发过程的高效管理，快速进行调研、论证、需求、设计、编码、测试、上线、推广、运营等，应对市场变化和客户需求。

③提供智能化的数据分析和报表支持。通过对重要数据模型的建立，以及通过对关键数据的监测、统计、分析，可制定全方位的、完整的数据管理及监管报表支持，便于随时监测相关业务的绩效、瓶颈并做出调整。

④实现流程和管理的标准化。可将常用的流程以及审核、判断、纠正、反馈等机制固化在系统中，形成标准化处理和管理流程，提高效率并符合要求，在合规监管方面尤其有效。

⑤开放而灵活的系统。使用标准接口编写，注意可扩展性，易于实现与其他系统接口的对接。

大数据分析和增值。在银行海量数据实现大集中后，数据大仓库与大数据挖掘的必要性逐步显现，通过使用数据仓库等技术，不仅可以使信息变得更集中，打通各信息孤岛，形成信息的互联互通，也能通过大数据分析、挖掘等技术，使一些原来毫无价值、零散、无序的原始信息逐步变成可转化成金山银山的资源宝库，过往交易的购买习惯、消费理念、风险意识、投资偏好甚至信用历史等，都能成为银行开展新的业务营销、宣传的定位投放的依据，也可以帮助银行有效地控制关联企业的信贷风险，实现金融企业经营资源的优化配置，内部数据仓库以至于黑白名单等的简历，可以为金融企业的经营决策提供强大支持，减少错误决策。

对银行业而言，首先应从自身发展的需求来分析论证信息安全建设的必要性和迫切性。从银行业自身业务情况来看，银行是依法成立的经营货币信贷业务的金融机构，生来就与货币、数据打交道，而纷繁复杂的交易数据、成本核算等，从来就离不开能大大解放脑力劳动并能大大超越脑力计算的信息技术，从本质上决定了其对信息技术的依赖。信息技术对银行的支持（见图8-3），最终体现在银行的财务指标上，它能帮助银行提升工作效率，完善工作流程，降低企业管理成本，推动金融行业的创新。只有不断地在服务手段信息化、管理模式信息化、信息安全保障等方面取得积极进展，才能提升银行的市场核心竞争力、市场适应力和客户服务体验。作为相对而言资金比较充足的行业，银行业引领着信息技术的变革与发展，成为先进信息技术的试验田和开拓者，是信息技术发展最迅速、应用最广泛的行业。银行业持之以恒地贯彻落实国家信息化战略，不仅是推动加快国家层面信息化进程的必然要求，也是银行业改革发展、转型升级和更好地服务实体经济的内在需求。

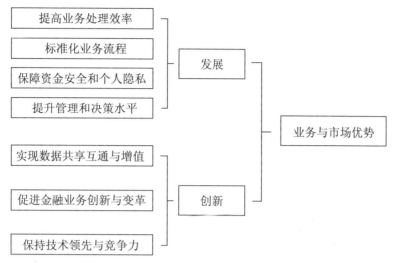

图8‑3　信息化对银行业务的支撑

金融行业对信息化的重视主要来自信息技术在以下方面的优势[⑬]：

（1）高效性、便利性

银行业通过信息化的方式能大大提高对金融数据尤其是海量数据的处理效率，中国人口基数大，导致银行业务的体量巨大，加之银行覆盖网点多，跨地域、跨境发展，同时，受互联网行业以及国外银行优质服务的竞争，我国银行业务也呈现逐步多元化、复杂化的趋势，在中国，银行业数据库的数据是真正"海量"的，甚至某国有银行的数据库量超过了某著名商业化数据库的可扩展上限，产生了"爆表"的情况。如果没有高效率和处理能力优秀的信息化系统对银行海量的数据进行加工处理、存储，银行业务将寸步难行，更别说能产生巨大便利的互联化、移动化、智能化了，我们能从异地甚至国外存取款、转账，我们可以从手机上支付、还贷，我们能足不出户就能缴纳水电、煤气费用，甚至购物、订餐，生活如此快捷和便利，都应该感谢信息化科技使银行业的整体服务能力得到了巨大的提升，提高了银行业效率并实现了业务增值，并最终惠及于民。没有信息技术带来的便利性，银行的业务创新和转型将无从谈起，现代化的银行业务体系的建立恐怕只是一句空话。

（2）准确性、及时性

计算机信息系统由于建立在严谨、缜密的数学逻辑思维上开发出来的（只有0和1，非真即假），因此不会产生人类模糊处理一样的错误，计算机的判断都是精准的，尤其擅长错综复杂环境下、大数据量的准确计算，再加上在程序设计上进行校验与反馈纠正，能

---

⑬　http://cio.it168.com/a2009/0525/576/000000576809.shtml。

使系统应用表现出最大的准确性，在对系统的功能测试、上线试运行过程中肯定也会对这一点进行严格校验。同时，由于处理能力的强大，计算机往往能将大型的复杂计算在人脑难以反应的时间周期内计算出来。尤其是通过并行计算等方式优化后，计算机计算对银行业务的处理效率能达到毫秒级，高效率的直接良好效果便是业务响应的及时性，因业务处理快速，从而导致响应快速，最终展现在用户面前的，就是银行业务特别的便利性、快捷性、交互的友好性、统一性，并能做到高度的准确性。资金融通时间的长短意味资金使用、管理成本的高低，在现代经济社会中缩短资金在途时间、提高资金使用效率，是充分发挥资金效益的有效手段。而要做到这一点，就必须有高精度、高速度、高容量的最新技术设备作为物质基础，计算机技术和通信技术的结合使这一目标得以实现。

（3）连续性、准确性

所谓连续性是指金融信息化系统的建立不仅能保持以往所有传统业务向信息化系统处理方式的顺利过渡，确保连续性，而且也能通过计算机信息系统的判断逻辑、审批确认、对账、审计、正负反馈等机制形成连续的业务链条，在银行客户不能感知的时间周期内，实现业务的无缝衔接和快速过渡，同时，通过计算机信息系统的业务连续性保障机制和高可用性容灾、备份/恢复等机制，也能建立起用户感觉不到的 99.995% 高可用性容灾和平稳切换，在必要时还能随时扩充信息系统的功能和容量。

有效性是指银行的业务涉及交易、支付等业务，不能产生不准确的数据以及不准确的判断，最终可能导致交易的错误或失败，从而造成大的社会、法律影响，准确性是银行、业务的根本，甚至在人工时代，银行业务主要考核的内容也是账目准确、操作准确、记录准确。时至今日，这仍然是金融行业不变的主题，可喜的是信息技术各种安全机制保证了达到高标准的准确性成为可能，包括身份验证的准确性（生物识别等）、对账的准确性、交易的不可否认性、操作的审核/验证等机制，都使银行出错的概率减到最小。

（4）开放性、兼容性

金融业是面向广大客户的行业，其经营管理活动不仅涉及金融业内部的活动情形，同时也受来自金融业外部周围环境因素的影响，因此必须大量吸收来自方方面面的数据信息。金融电脑化信息系统具有广泛收集、处理、存储、传输大量数据信息的能力，具有开放性，而且其系统开放性越强越能提供管理决策有用可靠的依据。金融电脑化信息系统与以往传统处理方式相比具有更为丰富的功能，不仅能处理传统方式所能处理的一切业务，而且能为客户办理各种新颖的业务如开办自助银行、证券的自动交易、资金的瞬时清算等；不仅能满足业务部门的要求，而且能为管理部门提供各种信息服务，并进一步为社会其他部门、政府部门等提供所需要的信息帮助。

计算机在金融业的应用促进了金融业的飞速发展，使新的金融工具、新的金融产品的不断涌现，一个有生命力的金融电脑化信息系统不仅能适应现时业务的需要，满足现时客户的要求，更要有发展潜力，能适应业务发展变化的要求。金融电脑化信息系统在软件上往往采用先进的结构化、模块化设计方法，使得功能上的扩充简便容易实现，在硬件上主机系统往往选择容量大、功能强、速度快的设备，使其处理能力有一定的冗余量以满足今后扩充的需要。

（5）安全性、可靠性

金融业所掌握的信息往往会涉及社会各个方面的经济利益，维护客户信息的安全保密是金融业的职责，因此，金融电脑化信息系统在做到开放性的同时又能保证客户信息的保密性。运用计算机的特殊功能可以对客户信息资料进行各种加密处理，以确保信息的安全保密，维护金融业的信誉。

因此，信息化为银行带来巨大的业务价值，能满足银行业提高业务效率、提升客户服务体验、丰富业务广度和深度、实现业务增值等诸多需要，是银行业获得竞争优势、最大化企业利润的关键和最有效手段。也正是因为有了信息化的价值，信息安全才有了意义和重要性，正是因为信息化的不可或缺和关键作用，信息安全工作才显得至关重要。

总而言之，新时期下，银行业信息化建设的目标可以概括为：以数据大集中为前提，以完善的综合业务系统为基础平台，以数据仓库和数据挖掘为工具，以信息安全为技术保障，打造出现代化，网络化的现代商业银行。

8.3.4　信息化带来的安全问题

信息技术在带来巨大便利性的同时，双刃剑的另外一面也逐步显现，打猎谋生的工具在某些时候也有可能成为杀人的武器：信息技术一方面成为"改变生活、提升效率"的普遍手段，促进"数字银行"一步步成为现实，另一方面也被"利益追逐者"利用，成为非法获利、违法犯罪的工具。当前信息安全形势急剧恶化，世界各国不断加大在网络空间的部署，爆发国家级网络冲突的风险不断增加；西方国家将我国树为战略竞争对手，将进一步加强针对我国的网络遏制和攻击行为；各类网络犯罪带来的针对性的网络安全事件增多，造成的经济和社会影响将进一步加深；云计算、移动互联网等新兴技术应用日趋深入，网络和数据的边界发生巨大变化，信息安全问题威胁将更加突出。

从银行具体面对的业务和网络环境来看，形式多样的钓鱼攻击、网络诈骗，针对支付过程中的逻辑缺陷设计的非法绕过，针对信用卡的攻击与盗刷，针对移动终端的 APP 病毒植入，攻击手段不断推陈出新，无时无刻不在考验银行信息安全工作者的意志，为银行业务连续可靠、个人资金安全出难题，不断侵蚀银行良好的声誉以及健康的形象，银行一旦出现严重的信息安全事故，包括银行业务系统故障、支付服务不可用、账户资金丢失、个人隐私信息泄露，将可能导致银行业务停顿、客户满意度降低、造成极大的声誉影响，甚至大量资金流失。影响严重的，可能再难获得客户的认可，导致一蹶不振，从行业内最终消失。从现实来说，银行乃至整个金融行业是对信息安全最为依赖、最为重视的行业也不为过。

互联网金融等业务的发展，导致金融信息系统数据与网络的边界与保护方式发生极大变化，对应用功能需求广泛扩展，却没有能力杜绝安全漏洞的存在，银行业系统和数据的巨大经济利益和价值被众多内部不怀好意的员工、外部个体攻击者、黑客团伙、恶意竞争者雇佣的专业攻击团队等觊觎，安全形势岌岌可危，在信息技术及其阴暗的一面（攻击、破坏技术）都在急速发展的今天，如果没有有效的手段，对恶意行为进行防范和控制，对银行服务的客户的经济资产及个人隐私、权限不能有效保护，则矛与盾、攻与守的形势将急转直下，人人自危于金融资产失窃、银行机构失去民众的信任。这也将使银行业的寒冬到来，整个产业将土崩瓦解，这并不是危言耸听。

同时，回到金融业在国家安全中的重要担当和使命，不得不提到很重要的一点：金融行业的长期稳健、安全、有序关系到国计民生，牵一发而动全身，当今文明世界的战争和破坏，已远远不止军队的交战、领土的侵略，金融秩序的破坏、意识形态的渗透、网络空间主权的作乱，各种形式的骚扰和作恶都在给中国的发展和复兴制造困难和障碍。

2013 年爆出的棱镜门事件，已经给国家安全部门敲响了警钟，美国可以通过其在核心设备（网络设备、服务器、存储设备、信息通信设备等）上设置的后门或者开发的"0day"漏洞等，搜集和监听交换数据、通话、网络信息等，国家主要银行对国外机构也都有着严重的依赖度，涉及数据中心、网络通道、数据库内数据统统都一览无余地暴露在国外厂商面前，美国等要想拿到中国各行业（金融行业）的金融数据、社会动态、发展指数、生产能力、行业/区域投资等国家核心数据，可说是轻而易举，要想利用起来干点坏事，恐怕易如反掌，命脉被卡在别人的手里，因此，国家在金融等国家核心领域内，也提出了网络安全与信息化领域内"自主可控"的战略，要求信息安全容易治理、产品和服务一般不存在恶意后门并可以不断改进或修补漏洞，不能被"他人""他国"操纵。

自主可控技术要求依靠自身研发设计后者依靠国内可信赖技术力量，全面掌握产品核心技术，实现信息系统从硬件到软件的自主研发、生产、升级、维护的全程可控。简单地说就是核心技术、关键零部件、各类软件全都国产化，自己开发、自己制造，不受制于人。自主可控要求我们做到知识产权、技术能力、预期发展、国产化的自主可控。自主可控要求在银行安全规划中也应在核心系统和网络上有所体现。

总之，银行业作为信息技术最为集中且最为依赖的行业，核心技术受限、网络安全面临严重威胁、隐私保护和信息保密等挑战将长期存在，加快信息化建设步伐，制定信息化战略，推动信息技术与业务、管理工作的融合，建立与之相适应的信息安全保障体系，从业务、管理、技术等各层面加以控制，防范风险，是银行当前最为紧急且迫切的任务之一。

8.4 安全面临的挑战

在互联网金融模式兴起、外部安全环境恶化以及自身系统架构日趋复杂的新形势下，商业银行正面临着愈发严峻的网络安全威胁。伴随着金融电子化需求的日益迫切和信息技术的日新月异，商业银行传统金融业务与新兴互联网技术正在经历密切的融合，这种融合促进了商业银行的金融模式创新和服务渠道转型，但同时也带来了严峻的网络安全威胁挑战。信息安全风险在银行信息化进程中一直受到监管部门的重视。

早在 1999 年，巴塞尔银行监管委员会就专门设立电子银行小组（EBG），并在 2004 年发布的《巴塞尔资本协议 II》中将信息安全风险作为新型风险纳入总体风险框架中，使信息安全成为商业银行风险管理中的重要内容，随后全球各地区的银行监管机构都设立专门的 IT 风险监管部门，并推行严格的信息安全管理制度和框架，例如，美国三大银行业监管机构制定的《电子银行最终规则》《银行用户身份认证体系》等，欧洲中央银行发布的《ESCB 信息系统安全政策》《关键系统支付体系业务连续性纵览》等。中国银行保险监督管理委员会（以下简称银监会）近年也陆续推出《商业银行信息科技风险管理指引》《电子银行安全评估指引》等制度规范。2014 年，在中央网络安全与信息化领导小组成立的大背景下，银监会发布了《关于应用安全可控信息技术加强银行业网络安全和信息化建设的指导意见》，2017 年银监会办公厅发布了《关于加强网络信息安全与客户信息保护有关事项的通知》（银监办发〔2017〕2 号），2018 年人民银行发布的《中国人民银行办公厅关于开展支付安全风险专项排查工作的通知》（银办发〔2018〕146 号）等要求，表明我国银行业对信息安全的重视程度已达到空前高度。在此趋势下，国内对银行信息安全问题的理论研究逐渐增多。

引申知识：电子银行业务及其监管综述

1. 概念

电子银行（Electronic banking or E‐banking）是一个广义的概念，在《电子银行业务管理办法》（中国银行业监督管理委员会令〔2006〕第 5 号）将其定义为商业银行等银行业金融机构利用面向社会公众开放的通信通道或开放型公众网络，以及银行为特定自助服务设施或客户建立的专用网络，向客户提供的银行服务。根据这个定义，电子银行及其风险主要如图 8‐4 所示。

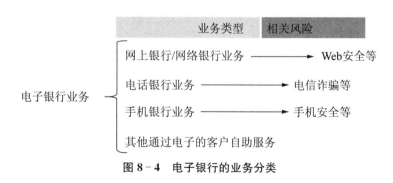

业务类型	相关风险
网上银行/网络银行业务	→ Web安全等
电话银行业务	→ 电信诈骗等
手机银行业务	→ 手机安全等
其他通过电子的客户自助服务	

（左侧：电子银行业务）

图 8‐4　电子银行的业务分类

如图 8‐4 所示，一般认为，网上银行/网络银行（Internet banking）是电子银行的一种，这个包含关系在《香港货币银行用语汇编》⑬中也有清晰的定义。

2. 巴塞尔银行监管委员会相关报告

对电子银行的监管最早始于国际清算银行（Bank for International Settlements）巴塞尔银行监管委员会（Basel Committee on Banking Supervision）在1998年3月发布的《电子银行与电子货币风险管理》（*Risk Management for Electronic Banking and Electronic Money Activities*），但是在该报告中，电子银行的范围主要指通过电子渠道提供零售与小额银行产品和服务，包括商业POS机终端、ATM自动柜员机、电话自动应答服务、个人计算机、智能卡等。在脚注中，特别指出电子银行业务不包括大额电子支付以及其他电子方式传送的批发银行业务。

1999年11月，巴塞尔银行监管委员会建立电子银行组（Electronic Banking Group，EBG），并在2000年10月发布了《电子银行组倡议及白皮书》（*Electronic Banking Group Initiatives and White Papers*），在该白皮书中，加入了新的媒介，例如Internet，但是电子银行在定义与范围并没有大的变化。

2001年5月，EBG发布了《电子银行风险管理原则》（*Risk Management Principles for Electronic Banking*），并且在2003年7月进行了改版，这个报告对电子银行的定义特别强调了电子银行包括大额电子支付以及其他电子方式传送的批发银行业务。《电子银行风险管理原则》包含了14项原则，其中特别指出，这不是"最佳实践"，而是"指南"。

巴塞尔银行监管委员会发布的相关报告顺序，如图8-5所示。

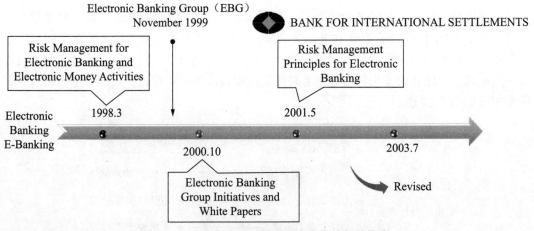

图8-5 巴塞尔银行监管委员会发布的相关报告

3. 国内的电子银行监管文件梳理

国内对于电子银行以及网上银行的监管也比较早，一般认为，最早的发布的监管文件

---

⑬ http：//www.hkma.gov.hk/gdbook/gb- chi/main/index- c.shtml。

是《网上银行业务管理暂行办法》（中国人民银行令〔2001〕第 6 号），其中第三条中指出了"本办法所称网上银行业务，是指银行通过因特网提供的金融服务。"在中国人民银行公告〔2007〕第 4 号，宣布该文废止。更有指导意义的是中国人民银行发布的 JR/T 0068 - 2012《网上银行系统信息安全通用规范》⑬。

中国人民银行发布的主要监管文件的梳理，如图 8 - 6 所示。

图 8 - 6　中国人民银行发布的相关监管文件

中国银行业监督管理委员会在 2006 年公布了《电子银行业务管理办法》（中国银行业监督管理委员会令〔2006〕第 5 号）和《电子银行安全评估指引》（银监发〔2006〕9 号），这两个监管文件同时为了解决《网上银行业务管理暂行办法》（以下简称《暂行办法》）存在一些问题，具体引述如下：

《暂行办法》仅对网上银行业务（Online Banking）⑬进行规范，一方面导致对同一电子银行平台上相同风险的监管，因客户所使用的设备不同而产生差异，监管网上银行有依据，而监管其他类似银行业务"无法可依"，不利于真正控制电子银行的风险；另一方面《暂行办法》也与国际上以网络银行（Internet Banking）或电子银行（Electronic Banking，E‑Banking）作为法律规范对象的通常做法差异较大，不利于跨境电子银行业务的监管。

中国银行业监督管理委员会的主要监管文件梳理，如图 8 - 7 所示：

---

⑬　李东荣. 网上银行系统信息安全通用规范解读［M］. 北京：中国金融出版社，2017.

⑬　从 JR/T 0068—2012 推测《网上银行业务管理暂行办法》中所指的"网上银行"，应该是"网络银行"的同义词，英文中都可以对应 Internet Banking。事实上，在没有专门定义的情况下，电子银行的概念最好考虑上下文的语境，例如，《关于做好网上银行风险管理和服务的通知》（银监办发〔2007〕134 号）中"六、其他银行业金融机构开展网上银行（电子银行）业务，应按照本通知中的各项要求执行。"在此处，网上银行和电子银行就没必要做刻意地区分。

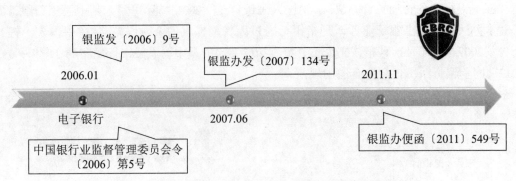

图8-7 中国银行业监督管理委员会发布的相关监管文件

4. 其他可以参考的监管制度

国外对电子银行的监管制度，我们主要参考新加坡金融管理局（Monetary Authority of Singapore，MAS）和香港金融管理局（Hong Kong Monetary Authority，HKMA）。

新加坡金融管理局的监管制度有一个明显的特点，就是在风险管理的框架下考虑技术安全问题。MAS 在 2001 年 3 月公布了《网络银行技术风险管理》（Internet Banking Technology Risk Management），并在之后经历了数次改版，无论哪个版本，都提供了风险管理框架。在 2013 年 7 月发布的《技术风险管理指南》（Technology Risk Management Guidelines），依然保持了这个风格，其中，第 4 章将风险管理的过程分为：风险识别、风险评估、风险应对、风险监视与报告。

值得指出的是，在 2008 年版本的《网络银行技术风险管理》的定义明确指出，"在合适的场合，网络银行可以认为是在线（网上）金融服务的同义词。"这个论断也佐证了图8-1所示的分类。

新加坡金融管理局的主要监管文件梳理，如图 8-8 所示：

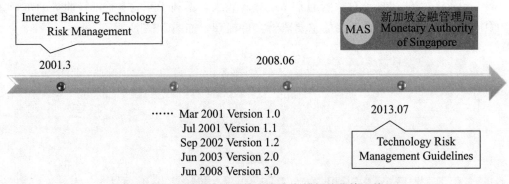

图8-8 新加坡金融管理局发布的相关监管文件

香港金融管理局在 2000 年 7 月发布了《电子银行服务安全风险管理》（Management

of Security Risks in Electronic Banking Services），本书中讨论的诸多概念也参考了上文中所提到的《香港货币银行用语汇编》。

5. 小结

普遍认为，信息安全的主要目标是控制风险，因此，对于电子银行技术风险而言，在整体的风险管理框架下考虑更为合理。例如，现有的风险管理框架一般要包括：风险识别，风险评价，风险评估和风险应对等多个过程，组织可以由此结合巴塞尔银行监管委员会发布的《电子银行风险管理原则》，建立适合组织特点的电子银行风险管理框架，然后在此基础上，再考虑具体的技术细节。

8.4.1　全球银行业网络安全形势

从全球安全形势来看，不管从信息科技建设水平还是从安全风险监管环境来看，金融行业在信息安全领域的现实和成就显然比其他行业更加健康和成熟，银行等金融业机构除了具有攻击检测与防御、动态监测和审计、数据备份与灾难恢复，以及系统性能与容量管理、高可用性保障等一系列完善的安全保护措施，还要接受越来越严格的金融行业监管审计和检查。金融行业本身由于自身业务的价值（可以窃取资金，也可以获得重要的个人隐私信息、征信信息等转卖获利），肯定是被不法分子紧盯的重点对象，而且随着银行业自身业务对信息化的依赖越来越深，业务的多样化、服务的开放化等也会导致应用越来越复杂，这也将导致可能出现技术脆弱性或者业务安全隐患的概率增大，防御阵地过大，近年来不断发生的信息安全案例，包括系统的宕机，账号的被盗，信用卡的盗刷，也佐证了金融服务加快开放将导致网络安全形势越来越严峻，严重影响了银行的社会声誉，也打击了公众对数字金融的使用信心。

在欧洲，2007—2010 年，不法分子多次对荷兰银行的安全设施发动网络攻击，盗取了大量银行账号信息，并将账户内资金进行了转移。2014 年，俄罗斯中央银行和多个商业银行的在线服务遭受了有组织的分布式拒绝服务攻击，造成了银行信息系统长时间瘫痪。2015 年初，芬兰和瑞典的各一家银行同时遭受有组织的 DDoS 攻击，导致银行线上业务中断。

在北美，2011 年，花旗银行数据库遭到黑客攻击，二十余万信用卡信息以及个人账户信息被窃。2014 年，摩根大通的网络安全专家检测到不法分子发动 APT 持续性攻击，最终进入内部网络系统，复制了 8300 份银行客户资料以及交易信息等，震动了美国政府，经事后调查发现，黑客来自当时饱受西方经济制裁和敌对的俄罗斯。

在东亚，2012 年，香港汇丰银行理财服务的全球多个站点受到恶意攻击，最终调查发现来自伊斯兰极端组织。2010 年左右，韩国的多家大型银行，包括韩亚、友利、济州等，被发动多次大型网络安全攻击，导致全网瘫痪，无法提供正常的电子银行服务，灾备系统也全部失效。2014 年发生的韩国某银行信用卡信息泄露事件，严重影响了社会秩序和民众对银行的信任。

8.4.2　银行业面临的网络威胁

经过多个安全公司对金融行业网络安全形式的分析，发现银行业网络正面临着越来越严峻的安全形势，不仅仅涉及技术和管理层面的问题，甚至也牵涉到商业间谍、违法犯罪、经济破坏、甚至国家级政治等问题，信息安全风险逐步常态化、扩大化、组织化、持续化。其主要特点表现为：

（1）攻击形式多样化，高级持续性威胁增多。从众多金融行业的网络安全典型案例中我们知道，银行业信息系统面临的最主要安全威胁是资金窃取、敏感信息泄露以及业务服务中断。银行由于业务数据价值高因此对威胁源的吸引力足够大，同时，通过常年的安全建设，基础安全防护体系和机制较为健全，普通的攻击已经不能产生效果，必须通过更加新颖、有效的方式，以及通过多种手段、不同层面、持续性的尝试，才能达到预期的目的，目前来自攻击者的方法主要集中在两个方面：一是针对大型银行系统进行持续性的APT攻击，这类攻击具有潜伏期长、不确定性强、弱特征的特点，善于利用未知漏洞形成单点突破，再逐层开展内网渗透，慢速的窃取数据或有计划的破坏网络。现有防御思路更关注单点防御和阶段性防御，对于新型攻击模式缺乏有效应对手段；二是使用"0day"漏洞方式进行攻击，利用攻防双方信息、技术不对称优势，在银行防守方没有发现或者防范手段的情况下突破系统；三是不仅仅依靠单纯的技术手段，还结合社工方式、心理学等方式，缜密地检查业务流程漏洞、管理漏洞，甚至通过经济手段诱导内部人员犯罪、采用内外结合的方式。

（2）威胁来源多样化、组织化。从安全事件所涉及的地域可以看出，安全威胁来自全球各个地区，遍布所有大洲的主要国家，发展中国家可能因技术能力、环境等因素，力度相对较弱，更多是出于政治、军事对抗因素等发起的窃取大量资金、扰乱经济等目的，或者是某些攻击为了规避法律制裁、逃避追踪等因素，以发展中国家为跳板，而相对来说经济较发达的国家，技术能力也更强，发动攻击的可能性也更高。在互联网金融时代，黑客已突破洲际地域界限，可以将任何区域的商业银行信息系统作为攻击目标，开展有组织的网络窃取和破坏活动，针对商业银行的网络攻击行为已成为全球性的普遍问题。针对银行的攻击也都有完整的黑色产业链作为依托，从敏感信息的收集与贩卖，到伪卡制卡，甚至网银木马的量身定制，在网络上都能找到相应的服务提供商，并且形成完整的以金融网络犯罪分子为中心的传、取、销的经济产业链。

（3）新兴业务应用的增长、新技术架构的变革带来新的安全隐患。移动金融、网络理财、第三方支付、企业网络融资、直销银行等新应用的出现，使银行线上业务链条拉长，漏洞隐患随之增多，不仅带来了技术安全问题，同时也增加了业务上的安全隐患，传统的信息安全风险评估、技术检测、安全管理方法已经难以应付来自智能终端、移动网络、手持设备等层面的技术攻击。最根本的原因是目前银行的安全体系建设并未纳入业务发展整体中考虑，导致业务发展与安全建设脱节。

　　另外，新技术、新架构带来新风险。一是开放式架构安全风险增大。相比传统封闭式系统，开放式系统漏洞更多，更容易遭受攻击；二是云计算技术引入新风险。部分传统安全手段已不再适合云平台，如传统加密技术可能影响云平台数据的正常使用，共享云基础设施中不同用户日志混杂，日志收集分析存在很大困难，个别应用的安全短板甚至会影响整个云平台的安全等；三是产品安全设计滞后。产品研发中"重功能开发、轻安全设计"的传统问题依然突出，产品安全缺陷层出不穷。

　　（4）信息安全管理与内控仍需加强。目前，银行通常采用较为成熟的信息安全管理规范来制定安全管理制度，其中运维保障、网络隔离、数据加密存储等技术性基础工作一般完成较好，但人员管理成为难点。对外防护足够严密，对内控制和防范不足，尤其是在银行内，核心科技人员和外包技术人员的增多，使银行网络设备及敏感数据有越来越多的机会被直接操作，增加了系统不确定性和数据泄露的风险。金融服务内控风险通常与不适当的操作和内部控制程序、信息系统失败和人工失误密切相关，该风险可能在内部控制和信息系统存在缺陷时导致不可预期的损失。Imperva 公司调查发现：有73%的金融员工表示，他们可以轻松访问到内部敏感数据，其中包括信息系统数据，这表明企业核心数据内部泄露的威胁远大于外部。企业员工在强烈的利益驱动下，可能窃取企业多方面数据，造成非常严重的影响。除了人的原因，重要信息系统和重要数据的获取不符合"最小授权"的基本原则，敏感数据的所有权和使用权并没有明确界定，重要信息系统数据监控仍然缺失，系统登录验证较简单等原因，也为数据泄露提供了便利。

　　（5）隐私泄露防不胜防。大量数据的汇集不可避免地加大了用户隐私泄露的风险。很多基于大数据的采集、存储、分析和发布过程中均未考虑到其中涉及的个体隐私问题。未经用户同意的情况下，采集用户的个人信息、账号信息、位置信息以及各种行为的细节记录，数据传输中非法窃听和电磁泄漏成为更加突出的安全威胁；在数据存储和分析时，未将个人敏感信息加密或脱敏，未考虑到其中涉及个体隐私问题，数据存储的物理安全性以及数据的多副本与容灾机制尚不完善；在数据发布和使用环节，信息披露机制不完善，利益相关者知情权未能有效界定。

8.4.3　银行业安全建设转型要点

　　外部威胁环境的变化、监管合规要求的提高以及自身业务系统架构的复杂化都要求商业银行在信息安全体系发展建设中进行多方位转型，以实现整体的安全自主可控。大都银行自身对信息安全的认识不足、技术储备不够充分、资源和投入相对不足、过度依赖外包等问题仍较为突出，而市面上针对银行特殊需求的信息化产品、工具和方法还比较单一，缺乏应对复杂需求的灵活创新能力。本书主要从系统架构、安全技术、风险评估、安全管理和安全规划五个维度对商业银行信息安全体系转型进行要点分析。

　　（1）系统架构向自主可控转型。"棱镜门"事件反映出以国外软硬件产品为核心的银行信息系统存在安全隐患，根据国家政策导向趋势，"去 IOE"（IOE 代指 IBM、

ORACLE、EMC 等国外软、硬件设施）已成为国内各大银行不得不面对的问题。然而"去 IOE"并不等于生硬的国产化替代，在具体实施时将面对极为复杂的技术挑战和业务风险。要解决好这个问题，商业银行应化被动为主动，把国家层面自主可控战略作为一次系统架构升级转型契机，以业务长期发展需求为核心统筹规划，改善自主创新环境，逐步向高弹性、可扩展的架构模式转型，一方面实现对 IOE 架构依赖度的降低，另一方面实现业务发展的自主可控。

（2）安全技术向大数据智能安全升级。传统的安全软硬件产品如杀毒软件、入侵检测、Web 防火墙等，主要解决的是单点安全问题，且多是基于特征码和规则库的检测方法，缺乏网络全局的安全态势感知能力和基于行为的智能分析手段，无法应付新型的高等级威胁。基于大数据技术的智能安全将是银行安全技术转型的方向。大数据智能安全技术主要包括两大部分：一是安全数据的感知归集。主要任务是对异源异构的安全数据进行采集、过滤、存储和格式化，对于银行系统，数据源不仅要包含网络设备的流量数据和应用系统的服务日志，还要包含业务系统的各类操作日志，为后续的安全分析和取证提供基础。二是安全数据的关联分析。建立在大数据存储的基础上，安全防护具备了长周期检测和异源异构关联分析条件，Hadoop、Spark 等技术的发展为海量数据的高效并行计算为技术团队基于大数据的安全建模能力。

（3）风险评估向动态开放方向转型。目前，我国商业银行主要是遵从或参考《商业银行信息科技风险管理指引》、网络安全等级保护、ISO/IEC 27000 标准族、COBIT 等国内外较为成熟的安全评估管理标准和规范，开展信息安全风险评估、测试、改进等工作，以满足内部控制和合规管理的要求。从实际效果看，这些标准在实践中有效帮助商业银行建立了规范完善的信息安全评估管理体系，能够及时发现风险并采取控制措施。而在新技术条件下，现有的评估管理体系略显机械，很多评估结果仅是列出孤立的风险项，无法反映核心问题，以年为周期组织的评估活动也无法适应不断变化的网络威胁环境。建议在现有风险评估体系基础上增加灵活性：一是可酌情引入"白帽子"评估测试机制，"白帽子"漏洞发现能力强，评估方法客观，可避免评估思路的固化单一；二是常态化的开展动态局部的评估活动，而不是简单应付几月一次的整体合规检查；三是对新业务开展有效的专项安全评估，例如手机银行安全评估、私有云安全评估等。

（4）安全管理应突出"以人为本"。人是信息系统的拥有者、管理者和使用者，据统计，只有 20%～30% 的信息安全事件是因为纯黑客入侵或其他外部原因造成，另外 70%～80% 都存在内部员工的疏忽或有意泄漏。商业银行在落实信息安全管理制度时，应将人员管理作为安全管理的核心。一是进行细粒度的系统权限划分，根据内部人员开发、维护、管理职责和级别的不同进行权限分配，规范操作流程，避免修改删除自操作日志等情况。二是在外包项目中要加强对第三方人员的操作监控，对于核心数据读取和计算场景，增加数据同态加解密、数据脱敏等机制。三是强化日常运维、应急响应、安全专家等专设小组的职能定位和能力建设，打造立体化的信息安全管理队伍。四是定期开展信息安全培训和演练，提高全员安全意识和安全技能。

（5）安全规划要与银行战略和业务需求相捆绑。传统的安全规划更像是安全设备和产品的采购方案，关注眼前的安全防护，并与实际业务脱节严重，在商业银行线上业务快速扩展的背景下，这种规划方法已远远不够。商业银行信息安全规划必须更具前瞻性，要从企业战略和业务需求出发，追求规划的持续性、实施的可操作性以及应用实施时的弹性。国际流行的 EA、TOGAF、SABSA 等架构模型都为商业银行安全规划转型提供了参考，其核心思想都是建立从企业战略、到业务需求、到系统架构、到技术架构、到实施管理、再到新业务和架构变更的全生命周期安全规划框架。

第9章

D²CB计划阶段（Plan）

9.1 信息安全规划原则

信息安全规划应从企业的发展战略和业务需求出发，基于风险分析的方法，在企业信息化战略和规划的基础上，遵循合规性和上级监管要求，借鉴国内外先进理念和最佳实践，迎合企业加强内部管控的需要，从而形成完整的信息安全工作思路。信息安全规划应着眼解决企业实际问题、指导具体工作开展，同时立足于企业作为经济利益个体的本质，要求具有良好的效益和性价比。

实现信息安全目标是一个长期的、持续的过程，在此过程中，必须坚持一些基本原则和工作方法，以确保其实现过程没有偏离预想的方向。信息安全规划与建设原则必须在信息安全工作中始终贯彻和执行，它可以为大都银行人员在信息安全工作中提供基本的指导和判断的标准。

制定战略性的工作规划，是为了解决战略性的问题，完成战略性的任务，让全银行小的战略服务于集中的大战略（企业发展战略），通过一个个子战略规划的完成和实现，最终达到大任务、大战略的目标；制定工作规划，是在全局性、系统性、前瞻性、目标性思维下对工作的整体布局和顶层设计，进行信息安全的工作规划时，为保证规划的科学、合理、有效、适用，规划工作应考虑以下原则：

9.1.1 系统性

信息安全规划本身应是整体、全面、体系化的规划，不应局限于解决一事一项，要兼顾大都银行的目前状况与长远发展等因素，放眼未来、统筹规划，按照"横向到边，纵向到底"的思路，对照已有规范、最佳实践，综合考虑安全组织、安全管理、安全技术、安全运维等信息安全多个领域，建立从物理、网络、主机、应用、数据多层纵深防护体系，并有效结合企业实际和现状，既要着眼全局、不能遗漏，又要突出重点、防范要害，规划系统、体系化的信息安全管理体系。

9.1.2　适用性

对信息安全工作的规划绝对不是孤立的，信息安全"上承"信息化的保障工作，对企业业务的有效支撑，对部分对信息安全依赖度较高的企业，甚至可能关系到企业的成败和使命；"下启"到系统的建设、运维，业务的监控与应急，指导日常工作安全、有序开展；横向，与企业风险管控、内部审计、法律/监管合规、质量管理体系等管理工作衔接，因此，规划时应考虑与整体的企业文化、信息化、安全形势、监察审计要求、风险管控要求、合规等多种环境的融合和衔接。

9.1.3　时限性

信息安全规划应具有时效性，在预想的规划时间阶段内，当前业务、信息化系统、信息安全环境和趋势不会发生大的变化，相关的信息安全工作是适用的、适时的。按照时间跨度不同，规划可分为短期规划、中长期规划、远景规划，短期规划主要适用于1~2年以内针对风险比较严重或紧迫度较高的方面进行紧急规划，主要以方案性内容为主；中长期规划主要是针对3~5年的工作进行规划，主要以体系化规划为主，内容偏路线、任务性质，目前这种规划应用较多；远景规划则是5年以上的规划，通过对多种趋势的分析和研判，从战略、形势上进行思路性构想。

9.1.4　确定性

信息安全规划工作应当是明确的、没有歧义的，不能放大或者缩小工作内容，使得工作内容缺失或者存在过度建设，不能模棱两可或者语句模糊，应使用明确、可信的数据和语言进行表达，才能指导具体部门落实相关工作并有效执行下去，同时，各事项应当有明确主体和执行对象，不能造成推诿、无责任主体的情况。

9.1.5　可行性

信息安全规划所提出的内容，应具有可指导性，应有具体的、可落地的方法和措施，指导具体工作的开展，应该结合实际情况、管理文化，指出主体工作的大致流程和方法。在规划信息安全时应充分考虑方案或设计的可行性，是否与企业文化相违背，是否与企业管理模式、部门职责边界不一致，是否与其他工作、流程相冲突，是否考虑到任务执行的效率、难度问题，规划时，应能在不降低信息安全效果时，尽量符合当前实际，不影响业务或现有工作流程。

9.1.6　易用性

在信息安全工作规划与建设上，既要充分考虑系统的易用性，确保系统好用、可用与易用，决策层人员能抓住要点、理清方向，管理层人员能把握要素、覆盖全面，知道各方面的安全工作覆盖哪些工作任务、解决哪些风险、投入多少预算、哪些岗位配合、对应哪些技术和管理措施，执行层人员能流程清晰、按章办事，最好具有非常傻瓜式的工作流程和技术操作单。

9.1.7 合规性

本书合规性描述了大都银行在信息安全方面应当遵循和满足的合规要求，在国家法律法规、国家标准要求、行业监管、国际合作、上市协作、内部管控等方面都必须满足的合规性要求，且相关各标准要求与最佳实践等必须进行梳理和整合，将同类项合并，形成新的整合框架。在首先满足合规的要求下，再根据业务具体需要以及自身特点，设计全面性、体系化的安全管控体系。

9.2 主要风险及风险态度

随着信息技术的广泛应用和电子商务的快速发展，金融服务模式正由传统的柜台服务模式向网上银行、第三方支付、P2P 小额贷款、企业网络融资等新型服务模式扩展。这种扩展推动了金融业务与互联网的进一步融合，我国金融业信息化正经历向信息化金融的转变，信息化金融已逐渐成为我国金融业的发展方向。但与此同时，由于这种新型服务方式虚拟化、业务边界模糊化、经营环境开放化等特点，使得互联网上的金融业务面临网络攻击、病毒侵扰、非法窃取账户信息、客户信息泄漏等新的信息安全问题。

9.2.1 存在的问题

金融领域核心软硬件被国外垄断、金融行业服务外包高度依赖国外厂商、金融信息系统灾备和应急响应能力差、金融业务系统风险控制水平低等问题，严重威胁金融行业信息安全。

9.2.1.1 金融领域核心软硬件被国外垄断，严重威胁行业信息安全

当前，包括金融、军工、能源、民航在内的很多涉及国计民生的领域越来越依赖信息网络系统，我国金融行业的网络基础设施、大型机、小型机、存储设备、芯片、数据库、操作系统、核心业务系统等几乎都被国外垄断，使得我国金融信息系统很容易被国外掌控，严重威胁我国金融行业信息安全。

9.2.1.2 金融行业服务外包高度依赖国外厂商，加大了风险控制难度

目前金融行业服务外包高度依赖国外厂商。尤其是一些政策性银行、股份制银行和外资参股的中小金融机构，为节约成本、提高效率和规模、加快扩张速度，服务外包时高度依赖国外厂商。这种金融服务外包高度依赖国外厂商的状况，容易导致极大的信息安全风险。一是信息泄漏，在外包逐渐深化过程中，金融机构逐步将自己全部的关键信息提供给服务提供商去管理维护和开发，这些金融机构的敏感信息、核心技术就存在泄密的可能

性，一旦被竞争对手或者不法分子获取，将产生严重后果。二是服务提供商在工作中越俎代庖，封闭执行全部工作，不向金融机构提供关键技术，服务提供商在系统中是否留有后门，金融机构不得而知，造成很大的信息安全隐患。三是随着金融企业信息技术平台交由国外厂商来管理，如骨干网络系统管理、业务系统运维和管理、业务系统开发与维护、数据备份及异地灾难恢复等，一旦发生问题，金融企业就处于被动地位，故障无法及时处理，风险难以得到控制，极易扩大问题的影响面，从而引发大的信息安全事件。

9.2.1.3　金融信息系统灾备建设与国外差距大，应急响应能力有待提高

灾备体系是信息系统连续性的重要防线，维护信息和网络安全的重要措施。相关调查显示，对重要信息系统的停机容忍时限，民航系统不超过 20 分钟，银行系统不超过 30 分钟，证券交易系统停机容忍时限是秒的数量级。这些重要信息系统如果停机，将给社会、国家带来非常严重的损失。虽然近年来，我国银行业金融机构陆续建立了灾难备份体系和灾备中心，但按照安全、稳定的灾备管理要求，仍存在许多不足。

9.2.1.4　金融业务系统事故频发，业务系统风险控制水平有待提高

我国金融系统特别是在业务连续性规划、业务恢复机制、风险化解和转移措施、技术恢复方案等方面存在明显的"短板"。虽然金融业已经制定了信息安全等级保护、网上银行系统信息安全通用规范等系列标准，并开展了一系列的等级保护测评和渗透性检测，但是金融领域信息安全事关国家经济安全，仍需要进一步提高业务风险的控制水平。

9.2.2　面临的新挑战

随着电子商务的快速发展，以及移动互联、云计算、下一代互联网和大数据等新兴技术的运用，金融机构成为网络攻击的重点目标，网络成为犯罪分子劫掠金钱的新途径，使金融行业信息安全面临新的挑战。

9.2.2.1　传统互联网威胁向金融领域辐射

随着电子商务的快速发展，在线支付、在线结算等金融业务与互联网的结合日益紧密，病毒、木马等传统互联网威胁已经危及金融领域安全。这些潜在的安全隐患，一旦变成事实，将给中国金融系统乃至国家安全带来不可想象的损害。

9.2.2.2　新技术的应用使金融行业信息安全面临更大挑战

移动互联、云计算、下一代互联网和大数据等新兴技术的蓬勃发展，极大地促进了信息的共享，改变着经济社会的运行方式，但同时也给整个金融行业的信息安全带来更大挑战，基于开放性网络的互联网金融服务对我国金融信息安全工作提出更高的考验。

9.2.2.3　金融机构成为网络攻击的重点目标

对金融机构进行网络攻击，不仅能够直接攫取经济利益，还能破坏一个国家的金融秩序，金融机构成为网络犯罪分子、恐怖分子以及国家对抗的重点目标。近年来，针对金融机构的网络攻击事件频频发生，整体信息安全形势严峻。

9.2.2.4　网络成为犯罪分子劫掠金钱的新途径

网络模糊了传统金融领域的界限，为犯罪分子"开辟"了新途径。据统计，2011 年中

国互联网地下黑色产业链的盈利规模，已经超过 50 亿元。由于地下黑色产业链的发展，网络洗钱和网上支付诈骗也成为愈发严重的社会问题。

9.2.2.5　虚拟货币成为洗钱新渠道

随着网络经济的活跃，比特币等虚拟货币与实体货币之间已经建立起了某种兑换关系。虚拟货币交易可以完全以匿名的方式进行，一旦交易完成就可以随时轻松销号，犯罪分子通过将非法所得兑换成虚拟货币，能够有效切断资金追踪链条，这为洗钱等传统金融犯罪活动提供了新渠道。

9.3　现状与风险分析

在根据安全规划框架设计之前，大都银行规划项目团队曾经根据当前金融行业信息化和业务的特点，针对性的设计过针对各层面的信息安全规划调研问卷，针对总行和分行、营业网点等进行过详细的信息安全现状调研和合规性差距分析，通过深入、详细和全面的管理、技术、运维、业务层面的风险评估，发现大都银行信息安全现状为：

（1）大都银行高层高度重视信息系统安全工作，目前已经制定了一系列基础的安全管理制度，同时还编写了《大都银行信息安全管理制度汇编》，包括一系列的安全管理方针、规范、办法、指南等不同层级文件，指导信息安全建设和运营工作，使得信息安全建设能够依据统一的标准开展，信息安全管理体系的运营和维护能够遵循统一的规范进行。

（2）在技术方面，已经具备了一定的安全保障能力，在物理、网络、主机等方面已采取了一些较为有效的安全措施。在这些安全措施的有效保护下，系统基本可以防护系统免受来自外部攻击，能够发现大部分已知安全漏洞和安全事件，在系统遭到损害后，也能够较快恢复绝大部分功能。

但是，也可以看到在信息化规划逐步开始实施后，大都银行越来越依赖于信息系统安全运行，信息系统安全重要性日益凸显。信息资源已经成为银行的重要财富和资源，如何保护信息安全和网络安全，最大限度地减少或避免因信息泄密、破坏等安全问题及其所造成的经济损失和对银行声誉、形象的影响，是摆在我们面前的一项具有重大战略意义的课题。目前大都银行仍在以下方面存在典型的信息安全问题急需解决：

1）信息化建设超速与信息安全建设的滞后不协调。因业务快速发展和服务扩展需要，大都银行已经进行了全面的数据大集中和数据仓库建设，紧跟金融行业发展潮流和趋势，进行了电子银行、手机银行、微信银行、电子商务网站、网上理财等新型产品的开发和建设，金融服务能力和效率得到极大提升，但并没有在信息化建设时同步考虑信息安全的规划、设计、建设和运维，除了必要的证书和加密机等与银行间网络必备的措施外，在网络安全、主机安全、应用安全等多个层面都没有太多考虑到安全控制的因素，也没有建设与系统配套的安全运维规程与应急恢复措施，常常采取"亡羊补牢"之策，出了安全事件后才去做，常常是"业务优先，安全靠边"，使得安全建设缺乏规划和整体设计，留下安全隐患。市场环境的动态变化，使得业务需要不断地更新，业务变化超过了现有安全保障能力。

2）信息产品国外引进与安全自主控制。国内信息化技术严重依赖国外，从硬件（服务器、小机、存储备份设备等）、软件（数据库、操作系统、中间件等）、运维保障、安全服务都不同程度地受制于人。目前，国外厂商的操作系统、数据库、中间件、办公文字处理软件、浏览器等基础性软件都大量地部署在国内的关键信息系统中，但是这些软件或多或少存在一些安全漏洞，使得恶意攻击者有机可乘。

3）网络资源健康应用与管理手段提升。复杂的网络世界，充斥着各种不良信息内容，常见的就是垃圾邮件。在一些企业中，网络的带宽资源被员工用来在线聊天，浏览新闻娱乐、股票行情、色情网站，这些网络活动严重消耗了带宽资源，导致正常业务得不到应有的资源保障。但是，传统管理手段难以适应虚拟世界，网络资源管理手段必须改进，要求其能做到"可信、可靠、可视、可控"。

4）大都银行受限传统安全思维影响，把安全防护重点都聚焦在对外部入侵、攻击的防范上，对内部网络安全的要求较低，内部网络的访问控制策略设置较为宽松，但大都银行的内部网络具有分支多且遍布广的特点，较难管理。因此网络访问控制策略的宽松可能导致内部或外部的恶意人员通过管理不严的区域接入内部网络，对银行信息系统及重要数据进行攻击和未授权访问。

5）产品类型繁多和安全管理滞后矛盾。目前，信息系统部署众多的 IT 产品，包括操作系统、数据库平台、应用系统。但是不同类型的信息产品之间缺乏协同，特别是不同厂商的产品，不仅产品之间安全管理数据缺乏共享，而且各种安全机制缺乏协同，各产品缺乏统一的服务接口，从而造成信息安全工程建设困难，系统中安全功能重复开发，安全产品难以管理，也给信息系统管理留下安全隐患。

6）IT 产品单一性和大规模攻击问题。信息系统中软硬件产品具有单一性，例如同一版本的操作系统、同一版本的数据库软件等，这样一来攻击者可以通过软件编程，实现攻击过程的自动化，从而常导致大规模网络安全事件的发生，如网络蠕虫、计算机病毒、"零日"攻击等安全事件。

7）网络攻击突发性和防范响应滞后。网络攻击者常常掌握主动权，而防守者则被动应付。攻击者处于暗处，而攻击目标则处于明处。以漏洞的传播及利用为例，攻击者往往先发现系统中存在的漏洞，然后开发出漏洞攻击工具，最后才是防守者提出漏洞安全对策。

8）网络共享与恶意代码防控不足。网络共享方便了不同用户、不同部门、不同单位等之间的信息交换，但是，恶意代码利用信息共享、网络环境扩散等漏洞，影响越来越大，应使用安全可靠的文档加密和共享手段来保护涉密文档的安全。如果对恶意信息交换不加限制，将导致网络的服务质量下降，甚至系统瘫痪不可用，尤其很多银行的主机采用 AIX、Linux 等非 Windows 系统，而目前仅采购能在 Windows 服务器上运转和查杀的防病毒终端，对服务器上可能爆发的恶意代码没有可靠、安全、可用的手段，重要主机、服务器存在被恶意代码感染和攻击的危险。

9）系统复杂性和漏洞管理略有缺失。多协议、多系统、多应用、多用户组成的网络环境复杂性高，存在难以避免的安全漏洞。为了解决来自漏洞的攻击，一般通过打补丁的方式来增强系统安全。但是，由于系统运行不可间断性及漏洞修补风险不可确定性，即使发现网络系统存在安全漏洞，系统管理员也不敢轻易地安装补丁。特别是大型的信息系统，漏洞修补是一件极为困难的事。因为漏洞既要做到修补，又要能够保证在线系统正常运行。

10）新业务与新技术发展带来的安全隐患严重。金融机构业务复杂多样，且更新较为频繁，从而会导致许多安全风险，如废弃的系统移除不完整而留下诸多后门，新型业务和旧业务对接时产生的权限不对应，或不同业务更新太快而忽视安全环节等。技术更新（如云技术、虚拟化、大数据等的应用）更会留有许多目前无法发现的隐患，如网络边界和安全保护对象发生了变化，新架构的底层调用算法的安全问题，云环境下不同系统隔离问题等均是新技术的安全空缺。

11）大都银行因业务开展需要，掌握着大量的银行客户个人信息，这些信息不仅存在于重要系统中，有些非重要系统也会使用该类信息，并且部分系统调用这些个人信息时，还会将其留存在本地，此类非重要信息系统往在技术和管理上控制不严，并且目前金融企业数据库中，个人信息除用户密码外均为明文保存，在管理上也没有对个人信息保护制定相应的管理要求，因此较容易造成个人信息泄露。

12）由于金融自身业务就很复杂，再加上与多个外部接口的数据交互，很可能导致业务逻辑产生漏洞，被互联网上的恶意人员利用，如支付接口金额与商户未绑定导致资金的篡改等，存在许多未知风险。同时，如果合作的对象对于安全方面的措施不到位，也会反过来影响大都银行金融系统的安全。

13）远程移动办公和内网安全。随着网络普及，移动办公人员在大量时间内需要从互联网上远程访问内部网络，由于互联网是公共网络，安全程度难以得到保证，如果内部网络直接允许远程访问，则必然带来许多安全问题，而且移动办公人员的计算机又存在失窃或被非法使用的可能性。既要使工作人员能方便地远程访问内部网，又要保证内部网络的安全，这成了许多单位都面临的难题。

14）金融机构信息系统较多采用外包开发模式，由于开发人员的流动，导致代码安全开发培训无法及时有效的宣贯，且离职人员对于安全开发方面（已知应用漏洞修复、应用安全需求）的交接不完善，容易导致代码注入、逻辑漏洞等应用层面的安全问题产生，且不利于应用安全性的持续维护（对新发现漏洞修复）。因此，在外观管理、安全开发等方面应加强安全、流程规范方面的管理。

15）信息系统用户安全意识差和安全整体提高困难。目前，普遍存在"重产品、轻服务，重技术、轻管理，重业务、轻安全"的思想，"安全就是安装防火墙，安全就是安装杀毒软件"，人员整体信息安全意识不平衡，导致一些安全制度或安全流程流于形式。典型的事例如下：用户选取弱口令，使得攻击者可以从远程直接控制主机；用户开放过多网络服务，例如，网络边界没有过滤掉恶意数据包或切断网络连接，允许外部网络的主机直接访问内部网主机，允许建立空连接；用户随意安装有漏洞的软件包；用户直接利用厂家默认配置。

9.4　合规性考虑

合规性是信息安全很重要的一部分，在 ISO/IEC 27002：2013 中，有专门的一个安全域 "compliance"（符合性）来描述一个组织对合规性的考虑，其总体目标是 "避免违反任何法律、法令、法规或合同义务以及任何安全要求"，具体内容则包括符合法律、合同、知识产权保护、隐私保护、审计合规、密码标准、信息安全评审、技术测试的要求，在国内审计方面有一个很常用的词为 "合规" 与其近义，指信息安全相关的状态或动作都遵循特定的规则、标准或原则。

"合规" 是组织套用或遵循统一的标准、惯用的方法而执行规范性框架、流程、操作，以达到或满足相关利益方期望的一系列行为，合规有时候是出于被动的 "被监管"，有时候也是出于一定内在、外在需求的 "主动遵从"，归根结底，都是出于业务或职能的需要，只不过是使用了成熟、标准、规范、体系化的框架和内容来指导具体工作的实施。

从国内而言，合规性要求是银行信息安全建设极为重要的原动力之一。中国银行业作为国家经济命脉行业中的重中之重，一直被国家牢牢掌握，在中央银行监管、国有银行主导的框架下，保持着国家银行体系的健康、有序、安全，中国银行业具有担负保障国家经济安全、代表国家金融信誉的重大政治使命，银行业作为国家经济的 "血液主动脉"，其安全、稳定、畅通是国家能焕发生命力、保持经济高速发展的原动力，因此，银行业相对来说对私营经济、国外资本开放度不是很高，大多数银行直接面临着来自国家层面政策要求、主管部门监管、行业标准、上市要求、国外合作门槛等多重监管的局面。

从上至下来梳理，从国家层面，网信领导小组、国务院、网信办等各级政策发文要求，如国家网络安全法、国家等级保护、分级保护（保密口）、国家关键信息基础设施安全保护要求等。主管部门监管层面，人民银行、银监会、各地银监局等不同层级对银行业监管的需要，可能会在不同时期有不同的政策引导要求，银行业也制定了具体的行业技术标准⑭和规范。同时，国家针对信息安全所制定的一系列信息安全标准，包括国家标准 "信息技术　安全技术" 系列标准、等级保护标准等⑮。银行业需要上市或与国外合作的一

---

⑭　标准请参考 http：//www. cfstc. org/jinbiaowei/index. html，全国金融标准化技术委员会，可以下载最新的金融标准目录。

⑮　全国信息安全标准化技术委员会，简称信安标委，在 https：//www. tc260. org. cn/可以下载最新的信息安全国家标准目录。

些国际信息安全标准，如上市公司 IT 审计等，与欧美企业合作或当地机构需要遵循的塞班斯奥克斯利法案（Sarbanes–Oxley Act）、NIST SP 800 标准等，对认证、认可的要求，如 ISO 27000 标准族；此外，出于保护合作方商业秘密的需要而签署的保密协议要求、国家法律中关于隐私保护的要求、商用密码管理条例⑯、电子签名法、反不正当竞争法、信息安全风险评估等特定要求也对银行业信息安全有一定的约束力。

此外，出于与国际接轨、开展国际业务、获得可信度、引进国外最佳实践等需要，银行业也积极遵循国外法规、技术标准和最佳实践等合规性要求，从银行安全主管自身角度而言，不管是考虑与其他管理制度、流程的接驳，降低业务风险的需要，还是出于"自私"的"内外合规、尽职免责"的想法，信息安全工作应与人力资源、风控、审计、IT运维、法务等部门协力做好信息安全体系管理工作，最大化的规避信息安全风险。

具体的规范性文件介绍，请参考本书的附录 A。

引申知识：合规性及其相似的几个词汇

合规性、合法性和符合性这几个词汇即存在相似之处，又具有一定的差别。

合规性在信息安全实践中常被称为"内外合规"。一般认为，内外合规是中文的习惯用法，应该是"合乎法律法规"的缩略语，从这个意义上讲，接近于 legality（合乎法律性），大约 legality 是一个法律术语，更要强调的是给定司法权（a given jurisdiction）框架内的判断⑰。至少我们阅读的组织研究文献中，几乎没有发现 legality 这个词汇出现。

在讨论组织问题的时候，多用 compliance，例如，GB/T 22080—2008 / ISO/IEC 27001：2005，符合标准本身并不获得法律责任的豁免。（compliance with an International Standard does not in itself confer immunity from legal obligations）Compliance 更强调客体的表现。在个体行为方面，compliance 用的更多，例如，信息安全策略遵守（Information Security Policy Compliance，ISPC），ISPC 是"行为信息安全研究（Behavioral Infosec Research）"领域的重要研究方向。

合法性（legitimacy）是一个广义词汇，在翻译的过程中，存在诸多歧义。legitimacy 的原意是嫡传的，在政治体系中，嫡传就是最大的正当性。更准确地翻译，例如，刘毅将 legality 翻译为"合法性"，legitimacy 翻译为"正当性"⑱。更多的情况下，legality 被翻译为"合乎法律性"，可能是因为之前 legitimacy 被翻译为"合法性"了。

符合性（conformity 或 conformance）词汇经常出现在信息安全认证领域中，例如，GB/T 22080—2008 / ISO/IEC 27001：2005 的引言部分，本标准可被内部和外部相关方用于

---

⑯ 更多资料，请参考 http://www.gmbz.org.cn/main/index.html，密码行业标准化技术委员会，可以查阅所有的标准及其全文。

⑰ 赵孟营. 组织合法性：在组织理性与事实的社会组织之间 [J]. 北京师范大学学报（社会科学版），2005（02）：119–125.

⑱ 大卫·戴岑豪斯. 刘毅译. 合法性与正当性：魏玛时代的施米特、凯尔森与海勒 [M]. 商务印书馆，2013.

一致性（符合性）评估（this International Standard can be used in order to assess conformance by interested internal and external parties.）。又如，GB/T 22080—2008 / ISO/IEC 27001：2005，1. 2，声称符合本国际标准（claims of conformity to this International Standard）。

这几个词汇总结如表 9 - 1 所示。

表 9 - 1　合规性及其相似词汇

中文	英文	词义说明
合规性	无明确对应	表达与各种规制相符合的意思，尤其是政府规制
合法性	legitimacy	更多的是强调"正当性"，尤其在政治学中
合乎法律性	legality	表达与法律符合的意思，强调给定司法权框架内的判定
符合性 一致性	conformity conformance	与 legality 的意义很接近，但是依据不同，这两个词汇 在认证领域用得比较多，强调两者的一致
符合性	compliance	在管理学领域用得比较多，表达大概的一致性

第10章

Ten

D²CB设计阶段（Design）

10.1 治理层（Tier 1）设计

在整体架构设计上，PD²M主要依据"纵向分层，横向分域"的思想，在纵向，按照"治理层、管理层和控制层"设计，在每一个层次，都有相应的安全域划分。

治理是外来词汇，起源于拉丁文或希腊语"引航"（steering），这清晰地指明了治理与管理的不同之处，或者说，治理更偏重方向性问题。这种差异导致在越宏观的领域中，治理词汇出现得越频繁，例如，社会治理、环境治理、公司治理；在细分领域则恰好相反，例如，信息安全治理就较少出现。但是，信息安全治理和公司治理中对"治理"的定义并不尽相同。信息安全治理是指导和控制组织信息安全活动的体系，公司治理则是用规则和制度来约束和重塑利益相关者之间的关系：1）其前提是代理理论；2）经营权和所有权的分离是产生治理问题的基础。

和其他领域的治理一致，例如，信息技术治理、跨国治理等，也可以认为信息安全治理是公司治理的子领域。在 ISO/IEC 27014：2013[19] 中用的词汇是"组织治理"。

图 10 - 1　组织治理、信息技术治理与信息安全治理的关系

治理最本质的目的是处理"利益相关者之间的关系"，所有的利益相关者各有各的视

---

⑲　ISO/IEC 27014：2013 全称为：*Information technology—Security techniques—Governance of information security*（信息技术安全技术信息安全治理），ISO/IEC 27014：2013 由 ISO/IEC JTC 1/SC 27 与 ITU－T4）合作发布，ITU－T 发布为 X. 1054。

角，例如，企业所有者追求的是利润最大化，期望的是最低安全，对首席安全官（CSO）而言，安全则是其工作的全部内容，期望的是绝对安全。因此，如何保障所有的利益相关者尽量获取期望的价值是信息安全能否成功的关键。

10.1.1　分析利益相关方

根据本书理论篇中对相关利益方的介绍，我们知道利益相关方是对于组织活动能够产生影响、受到影响或感觉受到影响的任何个人、群体或组织，能对相关活动进行决策，产生一定影响或是利益相关方。相关利益方可能来自于组织的内部，如不同的部门、不同的层级、不同的业务对象，也有可能来自外部方，如监管单位、客户方、用户、公众等，他们可能主动参与信息安全建设，也可能被动的关注信息安全（如网银用户）。

总之，相关利益方与相关利益方可能基于各自的主张，可能对信息安全建设产生积极或消极的影响，不同的利益方之间可能有相互竞争的关系，为了能满足战略业务目标或其他需要的期望成果，信息安全建设方应确保信息安全规划满足相关利益方的期望和需求，如此才能充分规范和管理信息安全规划，最大化规划的价值，保证信息安全规划满足和符合企业业务战略。

根据本书理论篇中的框架，提取出信息安全规划相关利益方及其关注点列表见表10-1。

表 10-1　大都银行利益信息安全相关方和利益关注点

利益相关者	对大都银行的期望	沟通机制	回应措施与成效
国家、政府（公安部、人民银行）	合规性经营 金融风险防范 维护国家网络与信息安全 保护公众利益 保护个人信息和隐私 国家经济数据安全 系统接入准入	法规、政策发布 国家技术标准要求 等级保护要求/标准 等级保护监督检查 发放牌照与证书 安全测评 接入准入技术性检测	·合规性建设 ·通过测评获得认证、牌照 ·及时准确披露信息安全合规建设信息 ·按照要求进行安全整改 ·出具针对性管理要求并执行 ·部署国家认可的自主安全可控的安全产品 ·核心系统使用国产数据库、主机、网络设备等
监管机构（人民银行、银监会、大都市银监局）	合规经营 符合地方性法规 行业技术标准	法规政策发布 行业技术标准 行业检查	合规性建设 行业标准建设与整改 定期工作汇报 对下级单位定期安全检查

表 10－1（续）

利益相关者	对大都银行的期望	沟通机制	回应措施与成效
业务合作方 （同业银行、证券、保险、基金、交易所、海关）	数据交易安全 信任接口 抗抵赖 业务连续性 资金安全	建立信任机制 建立统一标准接口 相互安全认证 资金信息校验 · 合同协议谈判 · 日常业务交流	安全认证 数字证书 统一安全接口
技术合作方 （银联、万事达、信用卡组织、外汇交易中心）	支付卡行业标准 数据安全标准 银联技术接口标准	要求 PCI－DSS 认证 要求安全开发 · 合同协议谈判 · 日常业务交流	通过 PCI－DSS 认证 参照银联、万事达、信用卡组织技术标准进行安全开发
客户 （含企业客户、个人客户）	· 优质的产品（可靠性） · 资金保障、交易安全 · 保护企业、个人隐私 · 高效的反应速度 · 准确快速的投诉处理 · 良好的售后服务	· 进行问卷调查 · 日常联络 提供 400 电话 提供安全插件 · 客户反馈机制 · 提供在线客户服务 提供柜台服务 安全宣传册	· 持续的产品创新（证书、安全插件、U 盾等） · 加强客户关系管理 · 提高客户满意度 · 提供免费电话咨询服务（客户账户安全处置） 提供免费的基于终端的安全保护机制
员工	· 保障合法权益 安全意识和技能培训教育 提升安全积极性	· 提供安全教育培训 · 谈话 · OA 办公系统	· 保障员工合法权益 · 提供安全规程、指南指导操作 提供完善的制度要求 提供安全规程、指南指导操作 提供安全津贴与奖励 · 较高的员工满意度
供应商	· 公平采购、诚信履约 · 战略合作、实现双赢	· 合同协议谈判 · 实施交流 · 招标会议	· 坚持" 三公" 原则，严格履约 · 较高的供应商满意度 · 采购成本持续下降
金融、保险公司	· 降低融资成本 · 减少风险 · 及时付款	· 合同协议谈判 · 日常业务交流	· 研究金融和保险政策 · 调整公司的战略，减少融资风险

表 10-1（续）

利益相关者	对大都银行的期望	沟通机制	回应措施与成效
商业伙伴	·优势互补 ·诚信互惠 ·信息共享	·合同谈判 ·日常会议 ·高层会晤 ·文件函电来往 ·日常业务交流	·坚持诚信、互利、平等协商原则 ·合作领域和方式创新 ·建立有效的合作关系
媒体	·及时的信息披露 ·良好的媒体关系	·召开新闻发布会 ·发布新闻通告 ·编印媒体季报 ·现场采访 ·召开媒体见面会	·改善舆论环境 ·提高媒体对公司的美誉度 ·提高媒体对公司的认知度 ·与媒体保持沟通与合作
非政府组织	·共同倡导可持续发展	·定期参加会议或活动 ·日常联络	·提高非政府组织对公司的认知度 ·与非政府组织保持沟通与合作

10.1.2　设计安全组织体系

信息安全的目的是为了保护组织机构的重要信息资产不被窃取、外泄和破坏，这与当今信息系统网络化、共享化的趋势存在一定的矛盾，而信息安全是要在保障组织机构利益的基础上实现有选择、有条件、有范围的共享。这种受限访问和共享的矛盾要想解决，就必须依靠对组织框架进行顶层设计，自上而下地建立起各级信息安全机构，形成信息安全组织体系，才能在组织机构中形成一种保护信息安全的行政推力，有效、快速地推动信息安全建设工作。因此，信息安全规划成功与否的一个重要保障就是要建立起信息安全组织体系，以协调推动信息安全工作。

信息安全组织体系是决策规划、统筹管理、落实执行、监督检查信息安全相关工作的基础，是相关工作得到有效落实和推动的强力保障。明确了各层级之间的垂直管理关系，并将各层级工作进行有效衔接，并通过各层级之间管理工作的传达、反馈和督促，信息安全工作才能在有效执行、并受监督和控制地执行下去，优秀的组织框架，将极大激活组织的效能和活力。在大都银行信息规划过程中，一系列的工作开展都需要一个完善有效的信息安全组织架构来支撑。信息安全组织体系建设的目的主要是通过构建和完善信息安全组织架构，明确不同安全组织、不同安全角色的定位、职责以及相互关系，强化信息安全的专业化管理，实现对安全风险的有效控制。信息安全组织架构需明确各类信息安全组织的定位、相互间关系和职能。

　　在本部分我们将在大都银行现有的 IT 组织的基础上，借鉴业界通用的信息安全组织模型，提出信息安全组织方案。本方案主要包括组织架构与职责部分、角色与责任部分、安全教育与培训部分、合作与沟通部分。

10.1.2.1　组织一般框架

　　按照一般管理组织的四个层级，我们在信息安全组织框架下也进行引用和移植，合理的组织框架至少应当包含：信息安全决策组织、信息安全管理组织、信息安全执行组织以及信息安全监督组织。

图 10-2　安全组织体系内容框架

　　各级组织的作用如下。

　　1. 决策层

　　信息安全决策组织是信息安全的顶层组织，处于整个体系架构的最顶端，安全决策层是信息安全工作的最终责任人，也是对信息安全具有最高决定权的高级管理层，它负责确定信息安全工作的方向、方针和总体策略，负责组织、指挥、协调、推动相关工作的落实和开展，并对重大风险和关键事件进行决策，也是信息安全治理工作的推动者和执行者。

　　决策层可以是虚拟的委员会组织，由董事会重要成员或者高级管理层中分管信息化、信息安全的主管领导担任负责人，并由信息科技部门、相关业务部门、人力、财务、审计、风控等部门领导共同担任，便于提供相应的资源保障支持以及工作配合。信息安全决策层对管理层进行直接管理，将上级监管组织合规要求、来自业务层面对信息安全的要求以及信息安全治理层工作对管理工作的执行要求传达给信息安全管理层，授权其承担管理职责，并调配相关的人财物等资源保障，也听取来自管理层对信息安全工作动态、重大事件、紧急事件的工作报告，并进行关键决策。决策层面临来自外部监管单位的监管。

　　2. 管理层

　　管理层是对信息安全具体工作进行全面、系统管理的职能层级组织，是需要调研、分析、建设、运维信息安全工作的直接责任组织，它负责组织建立信息安全全面保障体系，建设技术措施和管理规范，组织安全培训、教育与宣传，进行安全工作检查和考核，推动所有安全工作的开展和落实，是信息安全工作的制定者和决策推行的管理者。

　　信息安全管理层是信息安全管理的中间衔接层，将来自于监管要求、上级决策、业务层面安全需要、安全隐患与风险问题反映等各方面的需求等进行集中整合和梳理，并做出相对应的工作规划和解决方案，组织制定相关规范、流程和标准，并将其下发、分配至执行层进行日常工作落实，见检查工作成效、追踪管理效能，并持续优化和改进工作。管理层面临来自内部监管单位比如合规部、审计部门、风控部门等有监督职能的部门的审计、监督，需要定期向信息安全决策层、董事会等汇报管理工作和安全风险管控情况。

3. 执行层

执行层负责信息安全具体工作的执行和开展，负责操作和使用具体技术措施，按照安全管理流程进行规范运维和配置，并熟悉工作流程和标准，学习安全意识和安全技能，处理工作中的技术和管理难题。作为安全工作最末端的节点，其工作的有效性和执行能力影响到信息安全工作的最终成效。执行层需要分工合理、职责明确，同时需要接受良好的意识和技能培训，不断提升安全执行能力，才能将信息安全工作做好。

执行层主要接受来自管理层的工作安排，按照工作职责分配以及管理规章要求落实和执行具体的安全工作，形成具体的工作结果和总结报告，以辅助管理层掌握各方面的安全工作状况以及事态。执行层可能是信息科技部门的具体的管理岗位，如机房管理员、网络管理员、数据库管理员、系统管理员、审计员等，也可能是各职能部门或下属单位为配合管理层推动安全工作在本单位、本部门设置的安全员。

4. 监督层

监督层负责对企业内部信息安全工作的开展情况进行独立的审查和监督，它包括来自组织内部的审计部门、风控部门、合规部门，以及来自组织外部的上级主管部门、独立第三方审计机构、具有监督权力的公共管理单位（如公安部门）等，监督层的主要工作职责是指定监管和检查的工作流程和方法，定期对安全管理工作和执行工作进行审查，对信息安全体系适宜性、充分性、有效性进行审查，并推动其进行工作整改，其审查监督的结果也可提供给信息安全决策机构或者组织的决策层，为信息安全的持续改进提供有效的支持。

同时因大都银行在行政机构上具备多层级，分行及其他分支公司因管理需要，也会成立相应的安全组织机构，可能也因规模大小不同，包含决策、管理、执行、监督等层级，为了保证全行组织体系进行信息安全工作的统一组织、协调和执行，总行决策组织对分行、分支公司的信息安全决策层有管理权，总行管理层组织对分行、分支公司的信息安全管理层有管理权。

10.1.2.2　组织体系规划

在信息安全战略和安全组织目标的指导下，根据对大都银行信息安全现状的研究，参考上问所用的一般安全组织模型，以及结合大都银行现有的组织框架体系以及企业管理实际，并学习、借鉴、吸收同行业最佳安全组织建设经验，来规划未来大都银行信息安全组织架构，新的信息安全组织框架应当与信息安全规划总体的工作划分、建设阶段相匹配、相适应，应依据自身业务范围、应用服务、系统规模的特点，建立合理的信息安全管理组织架构，配备相应人员负责信息安全工作，以保障、协调、监控安全目标的实现。组织体系规划应通过 2~3 年的时间来逐步完善信息安全组织架构、团队人员、岗位责任、知识技能培训。

我们建议在大都银行总行层次，计划采取如下的组织架构演进方式，来逐步完善大都银行信息安全组织体系。在分行层次，在可预期时间内大都银行的 IT 模式由分散转变为数据仓库与大数据为主的数据大集中模式，分行的信息科技建设将由总行进行统一部署和管理，在建立总行安全框架之后，还应明确分行对总行的安全职责。

初期可考虑建设的组织架构，见图 10-3。

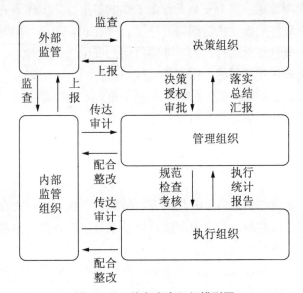

图 10-3　信息安全组织模型图

大都银行初步信息安全组织架构规划主要包括以下几个关键要点。

（1）信息安全决策组织：成立信息安全委员会作为信息安全最高决策机构，负责信息安全工作的总体战略部署、决策、规划，是大都银行信息安全的最终责任人，负责协调各部门、各单位进行配合以及对资源的优化配置。

（2）信息安全管理组织：在大都银行信息安全管理层面建立信息安全管理办公室，作为信息安全工作的规则制定者和决策推行的管理者，管理公司具体信息安全工作。其日常机构设置在信息科技部。

（3）信息安全执行组织：全行信息安全执行层面主要落实在总行信息科技部以及运维中心各信息系统相关岗位、安全管理员，各业务部门、职能部门、分支行的安全员，由安全组负责信息安全执行工作的管理。

（4）信息安全监管组织：总目前已有的审计部、风控部、法律合规部，逐步完善内部信息安全监管组织。并以法律合规部门牵头，建立与外部监管机构的应对组织，及时接收外部监管要求最新信息，并及时建设、整改、跟踪、反馈。

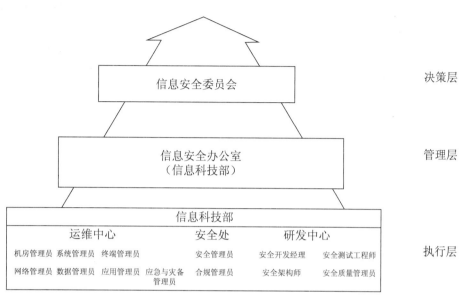

图 10-4　大都银行信息安全组织架构图

此安全组织框架适用于一般的银行，在考虑到安全工作越来越复杂，人员岗位和管理内容越来越多时，应当设计更合理的组织框架，才能便于各项工作的细分和规范化管理。目前从银行业安全工作的趋势看来：

（1）研发部门越来越专精，以服务为业务为主，兼顾安全，或者说在开发过程中应该关注安全开发，建立安全开发体系，需要将产品经理、安全开发经理、安全开发质量管理员、安全架构师、业务应用测试人员纳入开发组织框架中来。由于定期需要协同内部安全检查和系统安全评估，研发中心也可能需要增加专门的安全处，负责以下工作内容：

1）贯彻执行总行下发的各项安全规章制度，负责制定软件研发中心管理范围内的信息安全管理规范与实施细则，并对执行情况进行检查。

2）配合开展信息系统的信息安全等级保护测评、整改和复测工作。

3）负责制定、落实和实施开发安全管控要求，负责与开发或项目管理人员进行日常沟通，指导和监督相关人员遵循信息安全管理要求。

4）对开发的应用系统进行安全检查，采用工具检查或者按照安全操作手册人工检查。

5）收集应用系统开发人员或项目管理人员的安全需求。

6）全行生产数据使用申请的接口部门。

7）开展本中心层面的信息安全检查、信息安全意识培训与宣传等工作。

8）配合各监管机构、内外部审计机构和信息科技部开展的安全检查，对检查发现的问题进行整改。

9）发生重大信息安全事故时，及时通知总行信息科技部，对事件进行排查和整改。

（2）运维中心规模庞大，运维工作也会根据业务需要进行扩展，除了传统的物理、系统、网络、数据库、数据管理、应用运维等管理员之外，也可能增加运维安全管理员负责运维中心的安全管理流程和实施细则的制定，增加审计员专门对应用运维情况、系统安全日志情况、权限发放日志与特权操作日志等进行定期审计，增加权限管理员统一负责应用权限分配（结合审批流程），增加数据提取管理员负责特权数据修改、错误数据纠正、业务数据提取导出、司法数据提供。由于运维安全工作量众多，可能增加专门的安全处，主要负责以下内容：

1）贯彻执行总行下发的各项安全规章制度，负责制定数据中心管理范围内的信息安全管理规范与实施细则，并对执行情况进行检查。

2）牵头开展信息系统上线后的信息安全等级保护测评、整改、复测，以及信息系统安全评估、评测与复测工作。

3）对信息系统上线及版本变更的安全测试情况进行审核。

4）负责全行信息系统密钥管理。

5）负责落实和实施本中心层面信息安全管控要求，负责与运行维护人员进行日常沟通，指导和监督相关人员遵循信息安全管理要求。

6）开展本中心层面的信息安全检查、信息安全意识培训与宣传等工作。

7）配合各监管机构、内外部审计机构和信息科技部开展的安全检查，对检查发现的问题进行整改。

8）发生重大信息安全事故时，及时通知总行信息科技部，对事件进行排查和整改。

（3）同时考虑到大都银行全国性银行的地位，以及金融行业在国家经济命脉中的重要作用，可能还有个别国家保密相关的内容存在，可能需要相关内容有一定的重叠和交叉。

（4）信息安全监管方面，众多金融行业政策和标准，业务安全、信息科技和信息安全（信息科技风险）不能完全脱离，业务部门内部的安全员岗位务必要发挥其中的作用，比如业务层面的安全需求，如果没有安全知识背景和一定的安全技能不能完全得到，可能系统在设计时不会太考虑安全方面的内容，因此，一些与信息科技密切相关的部门一定要配置安全员。

（5）金融行业在法律合规、审计、风控等的要求，信息安全方面都有着密切的关联性，部分工作可能需要通过与之进行联动，甚至以这些部门为主，进行安全组织和建设。

在此基础上，预期最终建立完善的组织架构，见图 10-5。

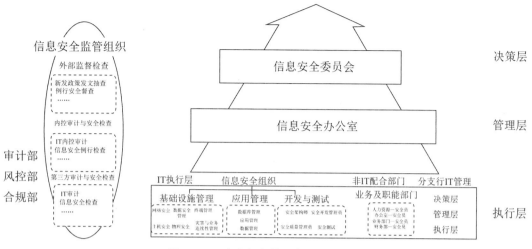

图 10-5　大都银行第 3 年组织架构图

　　信息安全决策层方面，将保密组织与信息安全组织相结合，合并成为信息安全与保密委员会，信息安全与保密委员会下设信息安全办公室与保密办公室作为信息安全与保密委员会的办事机构，分别负责该委员会的信息安全与保密工作。

　　信息安全执行层方面，分行参照总行信息安全组织体系建立本公司信息安全组织，分支行信息安全决策层负责本单位及其下属单位信息安全工作的领导、决策工作，信息安全管理层负责落实决策层的要求并承担本公司信息安全管理工作，信息安全执行层负责本单位信息安全管理、体系建设、安全运行等具体工作并落实总行的信息安全与保密要求。

　　信息安全监管层方面，应落实信息安全审计职能，由总行内控审计部作为内部信息安全审计部门，或由外部独立的第三方审计机构，定期或不定期对全行信息安全工作的开展情况和信息安全组织的运行情况进行独立的审核和监管，信息安全审计结果将直接向信息安全决策层或总行决策层进行汇报，为信息安全工作的改进完善提供支持，另外，在审计过程中，信息安全管理组织和执行组织的安全人员应给予全面的支持和配合，共同保障信息安全审计工作顺利完成。

　　至此，大都银行应建立覆盖全行的信息安全决策机构——信息安全委员会，由行长任主任委员，相关副行长/高管任副主任委员，主要业务部门负责人作为成员。信息安全委员会是高管层进行信息安全管理的决策机构，负责对全行信息安全策略、信息安全评估报告、信息安全管理制度等重大事项进行审议。同时，建立多部门联合推动机制，在全行范围内建立了内控部、信息科技部、保密部等专业部门联合推动，其他专业部门共同参与的信息安全联动机制，全面推动各单位信息安全管理工作。此外，建立分行信息安全议事平台，各分支机构由本单位承担信息安全职责的委员会作为信息安全工作议事平台，研究部署本机构信息安全工作。

　　信息安全的目的是为了保护组织机构的信息资产不被窃取和外泄，这与当今信息系统网络化的趋势存在一定的矛盾，网络化的一个特点就是信息共享，而信息安全是要在保障组织机构利益的基础上实现有选择、有条件、有范围的共享。这种矛盾的解决，必须依靠顶层设计，自上而下地建立起各级信息安全机构，形成信息安全机构体系，才能在组织机构中形成一种保护信息安全的行政推力，有效、快速地推动信息安全体系的建设工作。因此，信息安全体系建设的重要保障就是要建立起信息安全管理的组织体系，以协调推动信息安全工作。

同时，大都银行也建立起了全行性信息安全决策机构——信息科技管理委员会，由行长任主任委员，相关副行长/高管副主任委员，主要业务部门负责人作为成员。信息科技管理委员会是高管层进行信息安全管理的决策机构，负责对全行信息安全策略、信息安全评估报告、信息安全管理制度等重大事项进行审议。同时，建立了多部门联合推动机制，在全行范围内建立了内控部、信息科技部、保密办等专业部门联合推动，其他专业部门共同参与的信息安全联动机制，全面推动各单位信息安全管理工作。此外，建立了分行信息安全议事平台，各分支机构由本单位承担信息安全职责的委员会作为信息安全工作议事平台，研究部署本机构信息安全工作。

10.1.2.3 安全组织和职责

通过以上框架设计，并梳理安全组织层级和安全岗位，最终形成的各级组织框架和岗位的职责分别为：

1. 总行信息安全决策组织（信息安全委员会）

（1）组成

总行建立信息安全委员会（虚拟组织），作为总行公司层面信息安全工作的最高决策机构，对整个公司信息安全工作负责，并对信息安全相关重大事宜进行决策和资源配置。

信息安全委员会由总行最高管理者[14]担任该委员会组长，信息化/信息安全的分管领导担任副组长，其他业务部门领导为该组织成员，负责信息安全工作的决策讨论、制定。信息安全委员会下设信息安全办公室作为信息安全委员会的办事机构，负责该委员会的信息安全工作的落实，信息安全主管领导担任相应工作。

信息安全委员会作为信息安全的最高决策组织，在规划过程中具有举足轻重的作用。因为本质而言，规划本身就是决策过程，并没有到具体执行的层面。

（2）职责

1）制定和调整信息安全总体战略；

2）组织制定年度信息安全工作总体规划和工作总体部署；

3）制定信息安全总体预算，对安全投资方案进行讨论、调整和审批；

4）确定组织总体信息安全风险处置原则，审批信息安全风险处置方案；

5）确定信息安全治理框架，听取信息安全管理组织和监管组织的工作汇报，并对信

---

[14] 最高管理者是 ISO 9000 中的术语。

息安全工作开展情况进行整体监督、考核；

6）对信息安全工作提供人财物的资源保障，对相关组织进行任命；

7）及时向监管部门、主管部门等获取最新安全工作指示，并进行相关工作任务的组织、下达和落实；

8）审批对信息安全重大事件的处置决定；

9）其他信息安全重要决策事项。

2. 总行信息安全管理组织（信息科技部）

（1）组成

在总行信息安全管理部门以及相关重要业务部门、职能部门框架下建立信息安全管理小组，作为信息安全工作的规则制定者和决策推行的管理者，管理全行具体信息安全工作，其日常工作也一般落实在实体部门信息科技部；信息安全管理小组组长一般由主导信息科技工作和信息科技风险工作（信息安全相关）的总行信息科技部领导担任，负责该组织的日常管理工作，并负责组织协调该组织成员（可能是各业务部门、职能部门的分管安全的副职领导担任），进行日常信息安全工作讨论、标准制定，以及信息安全合规性相关工作，并对信息安全执行组织进行监督，和向信息安全委员会汇报日常工作；其他业务部门以及下属分支行分管信息科技领导也可作为该组织成员，在总行职能与业务部门、分支行内设立安全专员参与日常信息安全管理工作讨论，同时协调跨部门的信息安全工作，以及向相应的信息安全执行小组传达信息安全管理要求。

（2）职责

1）负责统筹管理全行信息安全日常工作，指导信息安全执行部门的工作开展；

2）负责汇总信息安全工作情况并定期向信息安全委员会汇报；

3）负责制定年度安全管理工作计划、安全预算，并报信息安全委员会审批；

4）负责组织制定、更新和落实信息安全策略、制度和标准，推动全行信息安全制度体系建设，监督检查全行信息安全制度落实情况；

5）负责统筹全行信息安全技术架构建立与维护，负责信息安全工具、平台的引入；

6）负责组织全行范围内的信息资产统计和汇总；

7）负责按照各监管部门、主管单位的要求和标准进行安全合规建设；

8）负责信息安全跨部门的交流与沟通，负责与上级主管部门（银监会、人民银行等）、监管单位（公安部等）等机构建立畅通的沟通和联系机制，负责与外部安全组织、安全机构建立协作机制，进行安全工作的合作和联动处置；

9）负责协同人力部门组织制定信息安全培训、教育和考核；

10）负责制定第三方人员管理要求，并监督实施；

11）负责组织外部信息安全形势收集与分析，重大安全漏洞、风险分析、提示与整改；

12）负责组织开展重大信息安全事故的排查、整改等工作；

13）负责组织对各部门以及分支行信息安全检查工作的开展，负责组织落实信息安全内控自查与风险评估工作；

14）负责信息安全规划蓝图的实施和维护，包括规划的实施与定期按照新技术的引入或业务与环境的变化及时调整规划任务；

15）负责组织信息安全有效性测量，并向信息管理部主管汇报测量结果；参与信息安全管理工作的讨论；

16）负责其他与信息安全管理相关的工作。

3. 总行信息安全执行组织（信息科技部）

（1）组成

日常接触到银行各信息系统或信息环境的各单位都应是信息安全执行组织的一部分。信息安全执行工作主要落实在总行的信息科技部和相关的数据中心、研发中心各岗位，以及各部门、各分支行安全员，一般情况下由信息科技部下属的专门的安全组负责信息安全执行工作的管理，负责协调运维部各专业小组以及软件开发中心等各组织负责具体信息安全工作的落实。

软件开发中心建立软件开发安全小组，负责开发过程中信息安全相关控制的落实与安全测试，同时负责安全开发规划任务的具体落实；运维部主要负责终端、服务器、物理环境、网络等基础设施的安全运维工作，同时落实网络安全域、IT 业务连续性等专项规划；相关安全的职能可由独立的机构承担，或者由运行维护人员兼任，在业务上接受总行信息安全管理机构的管理。

（2）职责

信息安全执行组织在规划中是最重要的机构，下面分角色描述其安全职责。

△ 信息安全员职责：

1）遵守和执行信息安全管理相关规定和要求，配合信息安全管理组织开展各项安全管理工作；

2）配合信息安全管理组织开展信息安全检查工作，并根据检查结果进行安全整改；

3）负责根据信息安全管理层的要求制定执行层面的管理办法和实施细则，并监督其执行情况；

4）根据执行层面对各信息安全状况的统计、汇总，以及信息安全事件的处理情况，定期编制大都银行的信息安全状况报告；

5）负责执行层面的协调工作；

6）在信息安全事件发生时，第一时间进行初步处置或者现场保护，并向信息安全管理部门汇报；

7）负责配合组织安全意识培训工作，并实施安全意识宣传。

△ 机房安全管理员的职责：

1）负责机房基础设施的建设和日常维护工作，并对机房设备、设施、网络链路、电力保障等进行日常巡检；

2）负责机房人员出入的安全管理，负责机房门禁权限的审核和定期审查；

3）负责机房设备的出入管理，以及维护，包括登记、台账、安装、维护、送修、报废等；

4）负责机房环境监控工作及时进行故障响应及处理，并及时对安全事件及可疑事件进行报告；

5）负责机房环境卫生检查；

6）负责机房监控录像的保存与检查；

7）负责配合安全管理员进行机房安全检查。

△ 网络安全管理员的职责：

1）负责网络总体架构的设计，网络安全总体分区分域以及安全策略的制定；

2）负责路由器、交换机等网络设备的日常维护；

3）负责防火墙、IDS、网络防病毒、WAF、安全审计等网络安全系统的日常维护工作，以及按照安全管理要求在相关安全设备上部署网络安全策略；

4）负责参照网络设备、网络安全设备配置基线对网络设备、安全设备进行安全配置；

5）负责网络设备、网络安全设备上管理员权限和用户的管理，并定期清理不必要和过期的账户；

6）负责进行网络的集中实时监控；

7）负责网络的连通性检测，网络传输质量监测，路由器的路由表监控和检查；

8）负责配合安全管理员进行安全检查及漏洞扫描；

9）跟踪厂商推荐的安全补丁并及时执行；

10）负责对网络及安全设备登录用户行为进行监测和分析，对系统日志进行定期审查；

11）负责对网络故障进行响应及处理，并及时对安全事件及可疑事件进行报告；

12）负责系统的配置文件管理，定期对关键配置文件进行备份；

13）在新版本更新或者硬件更换要严格按照变更程序进行，对变更结果进行确认；

14）负责网络及安全设备的每日巡检。

△ 系统安全管理员的职责：

1）负责参照操作系统等主机安全配置基线对主机进行安全配置；

2）负责配合安全管理员进行安全检查及漏洞扫描；

3）跟踪操作系统厂商推荐的安全补丁并及时更新系统补丁；

4）负责主机上管理员权限和用户的管理，并定期清理不必要和过期的账户；

5）并对操作系统的用户、口令的安全性进行管理；

6）负责对操作系统登录用户行为进行监测和分析，对系统日志进行定期审查；

7）负责对系统进行安全监控，及时进行故障响应及处理，并及时对安全事件及可疑事件进行报告；

　　8）负责定期对主机操作系统当前稳定版本、关键配置文件进行备份；

　　9）负责主机系统的每日巡检；

　　10）负责执行对负责的主机的病毒的查杀和处理，定期升级主机上的防病毒软件和病毒库。

　　△数据库安全管理员的职责：

　　1）负责数据库的安装和数据库软件的维护；

　　2）负责参照数据库安全配置基线进行数据库的安全配置；

　　3）负责配合安全管理员进行数据库的安全检查及漏洞扫描；

　　4）跟踪数据库厂商推荐的安全补丁并及时更新数据库，更新前应在测试环境下进行测试；

　　5）负责所管理数据库的用户账号管理，对数据库中所有的用户进行登记备案；

　　6）并对数据库的用户、口令的安全性进行管理；负责对表、视图、记录的授权工作；

　　7）在用户权限的设置时应遵循最小授权和权限分割原则，只给用户授予业务所需的最小权限；

　　8）负责对数据库进行安全监控，及时进行故障响应及处理，并及时对安全事件及可疑事件进行报告；

　　9）负责对数据库进行定期的软件备份、配置备份、数据备份；

　　10）负责根据业务数据提取需求对数据的提取进行操作，导出必要的业务数据。

　　△信息安全合规管理员职责：

　　1）主要负责信息安全相关合规工作，负责组织落实合规工作的建设和实施，包括网络安全法、等级保护工作、商业银行信息科技监管要求、个人信息保护、关键信息基础设施安全保护、信息安全管理体系建设等要求；

　　2）定期配合信息安全管理组织进行合规性检查；

　　3）负责组织落实信息安全风险评估工作；

　　4）配合信息安全管理组织进行信息安全风险评估工作，并进行风险评估培训；

　　5）制订风险处置计划，并开展风险处置，跟踪处置结果，上报信息安全管理组织；

　　6）配合信息安全管理组织进行信息安全内审工作；

　　7）负责制定不符合项处置计划，并开展不符合项处置，跟踪处置结果，上报信息安全管理组织。

　　△应急与灾备管理员的职责：

　　1）负责总体业务连续性与应急预案相关管理规范的编写；

　　2）负责制定总体的业务连续性规划；

　　3）负责组织协调各执行组织进行相关系统和业务工作（网络、病毒、电力保障等）的业务连续性计划和应急预案的编写；

4）负责组织各组定期更新业务连续性和应急相关规范和具体预案的定期修订；

5）负责落实应急和灾难恢复的演练计划和演练实施；

6）搜集同行业重大事件案例和趋势，观察同行安全通报和紧急漏洞发布，组织对相关漏洞进行跟踪和修复；

7）负责根据业务连续性计划与对应的数据管理人员确定数据备份策略；

8）负责对总体业务联系性、应急管理等规范、流程，以及配套的有任务连续性计划、应急预案、应急演练方案等对相关人员进行培训；

9）负责在发生应急事件时，作为第一执行人，快速组织相关人员进行初步处置，并向应急管理组织进行上报。

△应用安全管理员的职责：

1）负责对应用系统及中间件进行安全配置；

2）负责按照安全合规要求对应用系统进行安全整改；

3）负责对应用系统的安全运维工作，包括安全日志分析、安全状态监控、安全事件处置等；

4）负责配合安全管理员进行安全检查、漏洞扫描及渗透测试；

5）负责督促软件开发商提供补丁来修补已发现的漏洞；

6）负责所管理应用系统的用户账号管理，对系统中所有的用户（包括超级权限用户和普通用户）进行登记备案；

7）监控和检查应用系统的用户的权限分配问题，确保权限最小化，定期将系统用户权限发送业务部门进行权限核查，及时清理不合理权限；

8）负责配合进行离职人员权限回收；

9）负责应用系统软件的源码库控制和维护，要求开发商及开发团队及时提供最新版本、升级包和补丁的源码，进行源码库更新；

10）定期备份变更后应用系统的最新版本以及相应配置的备份，以便灾备时能进行紧急恢复，并需要定期对相关备份版本进行恢复测试；

11）负责对应用系统进行安全监控，及时进行故障响应及处理，并及时对安全事件及可疑事件进行报告；

12）负责定期对应用系统日志进行审核；

13）负责应用系统的每日巡检。

其他安全开发人员、外包安全管理员、审计员等职责没有一一详细列举。

4. 信息安全监管组织

（1）组成

信息安全监管组织属于独立于信息安全决策、管理、执行组织之外的公正地对信息安全工作具有审计、督查权限的管理组织，一般有外部监管组织和内部监管组织，从银行业来看，外部的监管主要有以下方面：大都银行首先要服从国家安全法律规章的要求，因此，必须遵循网络安全法、关键信息基础设施保护等的法律、行政要求；此外，大都银行面临的行业安全监管机构有人民银行、银保监会等行业监管组织，会在业务上、信息安全角度对其进行定期的安全工作督查，随着安全形势的变化定期下发相应的政策发文，并制定有行业的细化安全标准，指导大都银行开展具体的信息安全工作，同时，公安部门作为等级保护的主要推动部门，也会定期对大都银行信息系统的安全工作开展检查和督导工作。

内部监管组织，根据银行一般的部门设置，主要有法律合规部、审计部、风控部，首先，风控部门首先对银行业务风险有总体要求，信息科技风险（含信息安全）是其中很重要的一部分，风控部门会从风险的角度审计信息科技风险管理的内容。审计部会对业务以及信息科技工作进行全面审计，检查相关工作开展的情况。法律合规部会检查信息科技方面信息安全工作是否符合国家、行业、监管单位等的安全要求。

（2）职责

检查信息安全制度与规范的制定与执行情况；检验安全控制措施的有效性；审核现有信息安全控制与外部监管要求的符合性。

此处涉及其他部门，不一一展开论述。

5. 分行职责

（1）组成

各分行应设立专职信息科技风险/信息安全管理岗位，负责分行的信息科技风险和信息安全工作。

（2）职责

主要职责包括：

1）贯彻执行总行下发的各项安全规章制度，制定分行管理范围内的信息安全管理规范与实施细则，并对执行情况进行检查。

2）开展分行信息系统安全等级保护相关工作。

3）负责落实和实施分行信息安全管控要求，负责与系统开发、运维人员进行日常沟通，指导和监督相关人员遵循信息安全管理要求。

4）配合各监管机构、内外部审计机构和总行信息科技部门开展的安全检查，对检查发现的问题进行整改。开展分行范围内的信息安全检查。

5）发生重大信息安全事故时，及时通知总行信息科技部，对事件进行排查和整改。

6）建立分行层面信息安全教育宣传机制，定期开展信息安全培训。

10.1.3　设计总体安全框架

大都银行信息安全规划整体设计思路是全面贯彻党的十九大精神和科学发展观，全面遵从和符合国家网络安全法、关键基础设施保护要求，紧紧围绕以大都银行"实现跨越式发展、五大发展目标、六大深耕领域"为业务战略目标的最高定位，落实"成为国内城市商业银行领域具有领先竞争力、国内一流的科技型、创新型、服务型新兴银行"的战略定位，加强三型建设，实行管理与技术并重，确保核心业务和重要信息系统安全、稳定、可靠，不断完善信息安全保障体系建设。具体包括：

· 按照"积极防御、综合防范"的思想，落实信息安全体系建设工作任务要求，主动应对信息安全挑战，实现信息化与信息安全协调发展；

· 综合平衡安全风险和成本，优化信息安全资源配置，整体布局，突出重点，强化信息安全基础性工作，建立和完善保障信息安全的长效工作机制；

· 立足以业务保障角度为起点、以风险管理为核心的原则，建立符合银行实际、满足投资收益比的整体安全系统；

· 强化层次、区域划分，分层次、分重点的进行立体防御，对特殊的功能区域单独防护和重点保护，优化人财物资源配置和偏向；

· 防御遵循 P^2DR^2 安全模型，制定符合银行实际情况安全策略，并采取访问控制和入侵检测技术等相结合，在实现访问控制基础上，加强安全事件的预警、检测、审计、分析、统计、报警，实时掌握安全威胁，及时分析安全风险，并通过分析结果强化现有的安全配置，保持最佳的安全状态；

· 建立健全信息安全灾备与应急体系，加强应急培训与演练，提高信息安全的遭遇突发事件的预警、防范和处置能力；

· 依据国际、国内及监管部门的法律法规，建设信息安全系统，完善安全管理流程，来满足监管部对信息安全保障体系建设要求；

· 持续加强安全警示教育、安全意识教育和安全技能培训，让安全理念深入人心，并依托一般员工、专职岗位的使用和操作方面的安全防范意识和专业能力，实现信息安全长治久安。

1. 设计参考模型

（1）IATF 模型

信息保障技术框架（Information Assurance Technical Frame，IATF）是美国国家安全局制定和发布的带有指导性的信息安全技术框架，并为国际信息安全业界接受。IATF 的主要思想是在强调技术手段和安全防护的同时，还要加强安全管理的重要性，通过制定完善的安全策略，来保障人员、技术和操作的互动，实现信息系统的主动动态安全，达到对信息系统分层防护的目标。

IATF 提出的信息保障的核心思想是纵深防御战略（Defense in Depth）。所谓深层防御战略就是采用一个多层次的、纵深的安全措施来保障用户信息及信息系统的安全。在纵深防御战略中，人、技术和操作是三个核心因素，要保障信息及信息系统的安全，三者缺一不可。一个信息系统的安全不是仅靠几种技术或者简单地设置几个防御设施就能实现的，IATF 提供了全方位多层次信息保障体系的指导思想，通过在各个层次、各个的技术框架区域中实施保障机制，才能在最大限度内降低风险，防止攻击，保护信息系统的安全。

IATF 安全体系的逻辑结构模型如图 10－6 所示。

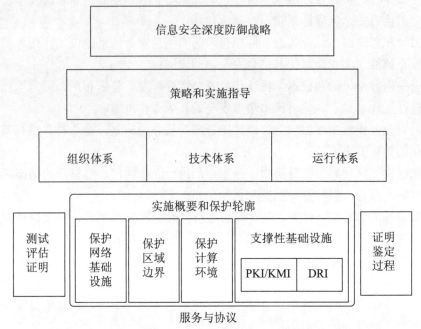

图 10－6　IATF 安全体系逻辑结构模型

（2）COBIT 模型

COBIT 即 Controlled Objectives for Information and Related Technology，就是信息及相关技术的控制目标。这是一个在国际上公认的、权威的基于 IT 治理概念的、面向 IT 建设过程的 IT 治理实现指南和审计标准。由 ISACA（信息系统审计和控制联合会）在 1996年公布，目前已经更新至 5.0 版。

COBIT 5（COBIT 5.0 版）为组织 IT 治理和管理提供的新一代指引，提供一种全面的框架，以支持企业实现其 IT 治理和管理的目标。帮助组织通过维持实现利益和优化风险等级和资源利用之间的平衡，从而创造源自 IT 的最佳价值。COBIT 5 能够为整个企业使 IT 在整体上得以治理和管理，并承担整个端到端的业务和 IT 功能区域的责任，同时兼顾内外部利益相关者与 IT 相关的利益。

COBIT 5 将治理和管理明确区分开来。这两种包含不同类型的活动，需要不同的组织结构，并服务于不同的用途。从 COBIT 5 的角度来看，治理和管理之间的关键区别在于：治理层是确保利益相关者的需要、条件和选项得到评估，以决定平衡、协商一致、需要实现的组织目标；通过优先等级和决策来设定导向；并监控商定的导向和目标的绩效和合规性。管理层是计划、构建、运行和监控与治理机构设定导向一致的活动，以实现组织目标。COBIT 5 流程参考模型如图 10－7 所示。

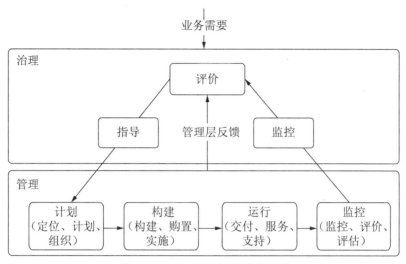

图 10 - 7　COBIT 5 流程参考模型

COBIT 5 流程参考模型将组织 IT 治理和管理划分为两大主要流程领域，治理包括五个治理流程；在每一个流程中对评价、指导和监控（EDM）5 实践予以定义。管理包括四大领域，与计划（APO）、构建（BAI）、运行（DSS）和监控（MEA）的责任范围一致，并提供端到端的 IT 覆盖。

（3）信息安全管理体系

信息安全具有全面性、层次性、过程性、动态性、平衡性和可管理性等特点，信息安全管理体系（Information Security Management System，ISMS）也按照信息系统生命周期的特点，通过与企业业务系统的建设紧密结合，构成了针对企业业务生存和发展的信息安全管理支撑体系。关于 ISMS 的更多内容，请参考本书的附录 A。

（4）管理六要素分析法

为杜绝企业管理工作标准不统一，时常出现"两张皮"的现象，运用系统化的思维、模块化的方式，建立起满足不同管理体系要求、完整、有效、持续改进的制度体系。开展任何一项管理工作，都包括六个基本要素：工作内容、职责权限、资源配置、风险控制、过程管理、工作结果（工作文档）。

通过对以上要素系统化，模块化的整合，可以建立不同体系下的统一要求和标准的制度体系，如图 10 - 8 所示。

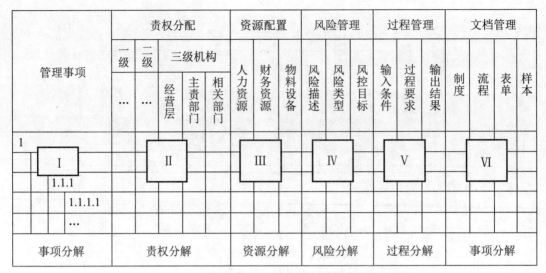

管理事项	责权分配					资源配置			风险管理			过程管理			文档管理			
	一级	二级	三级机构			人力资源	财务资源	物料设备	风险描述	风险类型	风控目标	输入条件	过程要求	输出结果	制度	流程	表单	样本
	...	...	经营层	主责部门	相关部门													
1																		
	I		II			III			IV			V			VI			
1.1.1																		
1.1.1.1																		
...																		
事项分解	责权分解					资源分解			风险分解			过程分解			事项分解			

图 10-8　不同体系下的统一要求和标准制度体系

2. 总体框架设计思路

按照理论篇里 PD^2M 里的框架，本部分属于规划定义与计划的内容，将根据前面篇幅所描述的识别与验证（各层面信息安全需求识别、安全环境与挑战识别、安全建设原则性要求识别等内容的分析）、研究与利用（行业风险分析、安全现状分析、利益攸关方分析、合规性分析）的梳理成果，将总体安全体系的框架进行定义和分解，那么所定义的框架至少在思路上至少应当满足以下要求：

1）符合大都银行发展战略定位，服务于实现银行最终业务战略目标和近期业务目标，体现大都银行业务发展愿景与使命；

2）满足合规监管需要，不违背国家法律法规标准，遵从行业内政策与标准要求，借鉴国内外最佳实践和经验，尤其注重解决金融信息科技管理、全面风险管理中存在的问题；

3）适用于银行行业和业务需要，是针对大都银行本身业务安全保障需求量身定制的安全体系和工作任务规划，而且主要突出重点、集中保护的是关键的业务和核心的资产，比如对电子银行、手机银行、个人信息保护等有特殊要求与规范的设计；

4）与大都银行信息化发展规划以及银行业信息化发展趋势保持一致并能协调发展，至少当前的信息安全规划应能支撑和促进信息化框架和系统的稳定、可靠运行，比如保障银行数据仓库的安全，相关的身份认证和访问控制水平能服务于与人民银行、银联、银行同业、第三方支付、互联网渠道等监管机构和合作方的安全；

5）适应银行自身管理组织框架和管理文化，与各决策层（或治理层）、管理层、执行层、监督层等层级能进行对接，满足信息安全治理和管理要求；

6）满足当前形势下安全保障需要，考虑到短期、近期内的安全趋势和技术变化，做一定前驱展望，又不完全标新立异，好高骛远；

7）具备良好的投资收益比，在满足基本安全需求下的情况下做到成本合理，尤其是将重点资源集中在最需要保护的业务、系统和数据上；

8）安全框架与体系应力求覆盖全面和具备防御纵深，构造多层级与全方位的防护能力；

9）注重与其他合规要求、治理要求、风险防范、质量管理等体系的融合与协调，整合形成合力，共同促进企业管理能力的提升，满足银行内部多方利益关切。

3．确定安全框架

大都银行信息安全管控体系是支撑大都银行 IT 安全建设和管理的基础架构，是总行、各分行、银行网点进行信息安全规划与建设的依据。总体框架以大都银行总体信息化框架为基础，以围绕信息安全全面保障思路为重心，重点通过建立组织体系、管理体系、技术体系、运维体系、监督体系等五个重点安全板块的建立，最终形成信息安全保障管控体系整体框架如图 10‑9 所示：

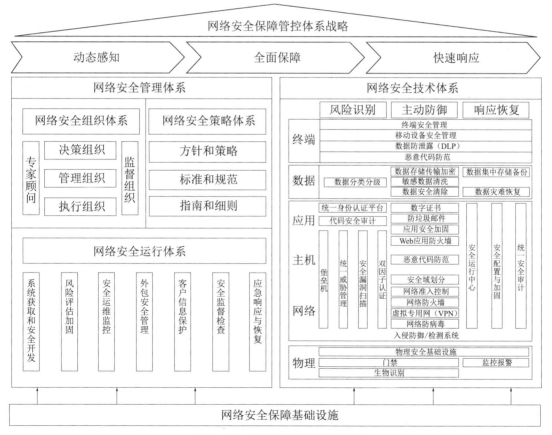

图 10‑9 网络安全保障基础设施

大都银行信息安全保障管控体系以大都银行的银行核心系统信息化架构为基础，以信息安全战略为指导，通过安全管理体系和安全技术体系两个重要部分来实现动态感知、全面保障、快速响应的三个信息安全终极目标。体系建设遵循"技管并重、分级防护、集中管控、循序渐进"方针，最终实现可信赖的信息安全运营环境愿景。

管理与技术并重：采用管理和技术相结合的方式，建立有效识别和预防信息安全风险机制，合理选择安全控制方式，有效降低信息科技安全风险。

分级防护：依据国家相关规定和信息安全管理最佳实践，根据信息资产的重要性，对重要信息资产和系统划分不同的保护等级，执行差异化的安全保护措施。

集中管控：在全行范围内建立层次化信息安全管理组织和集中的安全管控措施，统一进行全网信息信息系统安全的规划、建设及管控。

循序渐进：建立全面覆盖信息安全各个领域的、可度量、可管理的安全保障体系，并在此基础上进行持续改进，不断自我完善，为业务的平稳运行提供可信的 IT 支撑环境。

信息安全战略：打造地方商业银行国内一流的信息安全保障体系，构建安全支撑环境，为大都银行业务运营保驾护航。

信息安全阶段性目标：信息安全保障管控体系的三个阶段性目标可以分为动态感知、全面保障、快速响应三个方面。安全可管阶段的特征是"有效识别、重点防御、责任明晰"；可控阶段的特征是"主动防御、及时响应、集中管控"；可信阶段的特征是"全网联动、防控一体、集约高效"。

（1）网络安全管理体系

在信息安全保障体系中占有重要的地位，包括安全策略、安全组织和安全运行三个体系。安全策略体系总述了大都银行信息安全的总体方针、标准和指南、以及各类实施细则组成。安全组织体系定义了保障信息安全策略有效执行需要的角色和职责，从职能上分为决策、管理和执行三个层次。在信息安全战略的驱动下，明确大都银行信息安全组织体系及其运作模式，建立大都银行信息安全的决策、管理、执行、监督组织架构，同时明确关键角色/职责，是信息安全战略实现的基础与保障。安全运维体系从信息系统生命周期和安全风险管控流程出发，从开发、建设、维护、响应和检查五个方面提出安全风险管控的要点，明确不同阶段安全保护的具体要求，涵盖风险管理、系统开发建设、运行维护、事件响应、安全监控、安全检查等内容。

（2）网络安全技术体系

明确了大都银行信息安全建设过程中所需的技术手段；是信息安全工作开展的有力支撑。安全技术是实现信息安全保障体系的重要手段，从物理安全、网络安全、系统安全、应用安全、数据安全和终端安全六个方面实现监测与识别、安全主动防御和审计与恢复三大防护能力。安全识别与监控能力主要包含了威胁识别、入侵检测、漏洞扫描等要求。安全防护能力主要包含了身份认证、攻击防护、数据加密、访问控制、安全配置等要求。安全审计与恢复能力主要包含了操作审计、应急响应、灾备恢复等要求。

（3）网络安全运行体系

明确了日常信息安全工作的主要过程和内容，以及信息安全工作中涉及的组织体系中的角色与职责、所依据的规范、所运用的信息安全技术，包括了人员安全管理、信息资产与风险管理、合规性管理、信息系统开发安全、信息系统运维安全、应急与灾备管理、信息安全检查与审核，是信息安全规范要求和控制措施的具体落实。

根据大都银行的安全需求分析，实施对大都银行基础信息网络和重要信息系统的安全保护。这是一个系统化工程，远不是买几件安全产品、做几次安全运维、购买几个安全服务就能满足的，大都银行应当根据自身安全的需求，以最终解决信息安全风险为根本出发点，以最终服务和保障大都银行各项业务的安全、稳定、可靠为最终目标，横向建立覆盖从安全组织框架、安全管理框架、安全技术框架、安全运维框架、安全标准框架、安全监督体系为子体系的覆盖全面的多域安全框架，纵向建立由外而内自物理环境安全、网络安全、主机安全、应用安全、数据安全多重纵深安全防御层级，最终达到覆盖广度、体现深度的安全防护体系。

10.1.4　选择实施方法论

方法论是具体实施层面的问题，因此放入到管理层考虑。

在信息安全领域，存在两种最重要的方法论：1）PDCA 戴明环，2）诊断—治疗。本质上讲，无论选择哪一种，都各有利弊，最终都会殊途同归。

1. PDCA

PDCA（Plan‐Do‐Check‐Act）是管理学的一个通用模型，而不是仅仅在信息安全管理活动中。PDCA 又称为"戴明环"，是戴明[⑩]将其发扬光大，并应用与质量管理。但是 PDCA 的最早是休哈特[⑫]提出来的。

PDCA 循环从被描述为"假设（hypothesis）""实验（experiment）"及"评价（e-valuation）"或者"plan""do"，从 check 的科学方法的基础上发展而来。最初，休哈特在研究制造业时，将其过程描述为：设计（specification），生产（production）与检查（inspection），把这三个过程与科学方法的"假设""实验"及"评价"相对比和联系，而且休哈特认为统计学家应该通过各种努力，帮助根据评价阶段的结论采取措施提高产品的质量。可见，这时候已经基本形成了基本的循环。

戴明 1950 年在日本做讲座时，就将这个模型修改为 plan、do、check、act，但是戴明本人更倾向于 plan、do、study、act，因为他认为 study 在释义上更接近休哈特的原意。

科学方法与 PDCA 的都要用到迭代（iteration）。一旦某个假设被确认/否认，执行新的循环后，将扩展知识。这种循环的不断执行，将会离目标越来越近。

---

　　⑩　W. Edwards Deming，1928 年获得耶鲁大学物理学博士学位，从 1950 年开始，戴明就开始讲授全面质量管理的概念，他被认为是对日本制造业和商业最有影响力和贡献的科学家。

　　⑫　Walter A. Shewhart，1917 年获得加州大学伯克利分校物理学博士学位，他被认为是统计质量控制之父。

PDCA 来源于科学方法，而科学方法的来源则非常早。最早可以追溯到 Edwin Smith papyrus[⑬] 就已经开始利用经验方法（Empirical method）将治疗的过程分为：检查（examination）、诊断（diagnosis）、治疗（treatment）与预后（prognosis，专门指医生对疾病结果的预测）。亚里士多德定义了什么是科学方法，并且基于观察法将科学方法设置成多个阶段，中世纪 Francis Bacon[⑭] 非常重视归纳法，也批判了亚里士多德的简单枚举归纳法，但是他非常瞧不起演绎法，并轻视假设的作用。一直到 20 世纪，才基本形成假设—演绎模型。这个模型与我们上面提到的模型就非常类似了。

综上所述，PDCA 本身就是通过观察归纳得到的模型。由于本书的主题不是讨论科学方法，仅仅是告诉读者 PDCA 模型的来龙去脉。因此需要深入了解科学方法的读者，可阅读相关的参考文献。

2. 诊断—治疗

如上所述，PDCA 来自经验方法，例如，检查、诊断、治疗与预后。更为简洁的方法可以直接描述为"诊断—治疗"。事实情况是，信息安全风险管理基本就沿用了这个最基本的方法论，风险评估阶段对应"诊断"，风险应对阶段对应"治疗"。

目前流行的信息安全标准体系中，国际标准 ISO/IEC 27000 标准族沿用的是 PDCA 模型，NIST 发布的一系列标准则是围绕风险展开。NIST 关于信息安全标准的横向架构被 Wheeler 定义为 NIST Approach。这个方法是一个围绕"信息安全风险"的框架标准集。该框架如图 10-10 所示。

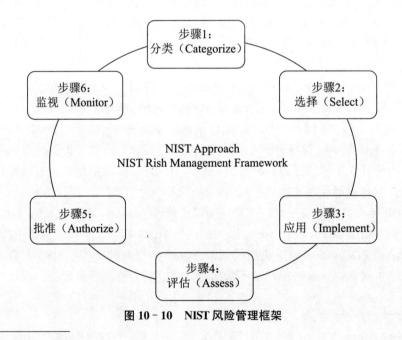

图 10-10　NIST 风险管理框架

⑬　公元前 1600 年，古代埃及医生。
⑭　培根，英国哲学家。

选择什么样的方法论，本身并无优劣之分。但是需要考虑体系整合的因素。例如，如果组织已经部署了 ISO 9000 质量管理体系，从整合角度讲，最好就选择管理体系家族通用的 PDCA。

10.2　管理层（Tier 2）设计

10.2.1　设计安全制度

信息安全制度，也常常称为信息安全策略。策略，英文为 policy。但是就 policy 而言，英文词汇的含义比较广泛，既可以是大的政策，也可以是小的策略。

信息安全策略体系[⑯]需要编写各种层次的体系文件，这是建立信息安全策略体系的重要基础性工作。

·信息安全方针（战略性）：相当于业务模型，是信息安全各领域的总体策略，解决的是"为什么"的问题；

·信息安全标准（战役性）：相当于概念模型，是信息安全各领域的具体要求，解决的是"做什么"的问题；

·信息安全规程（战术性）：相当于逻辑模型和物理模型，其中细则、规范是信息安全各领域的详细做法，记录、表单信息安全管理体系中信息安全政策、标准、规程的实际执行结果的痕迹。解决的是"做到怎样""怎么做"和"做的结果"的问题。

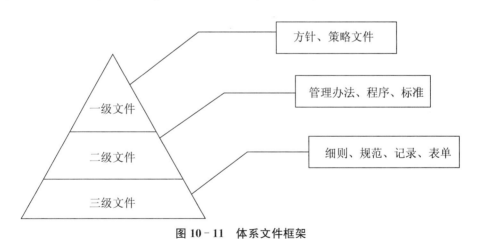

图 10‑11　体系文件框架

---

⑯　此处，之所以称为"信息安全策略体系"，是为了区别于"信息安全管理体系"。如前文所述，信息安全管理体系（ISMS）实际已经成为一个专业术语，ISMS 绝对不是仅仅关于"管理"的体系（system），而是一个基于安全目标导向的"管理＋技术"的整合体系。

在英文文献中，目前并未发现有"策略体系"的术语，或者说，既然是体系，就不必区分管理手段，还是技术手段，但是在中国式的管理情境中，一般习惯区分这是管理问题还是技术问题。原因可能在于，在国内大型组织中，领导们一般只关注管理问题，技术问题则是专业的安全从业人员处理。

策略文件的作用：

·阐述声明的作用——文件是客观地描述信息安全的法规性文件，为总行的全体人员了解信息安全策略体系创造了必要的条件。

·规定、指导的作用——策略文件规定了公司员工应该做什么，不应该做什么的行为准则，以及如何做的指导性意见，对员工的信息安全行为起到了规范、指导的作用。

·记录、证实的作用——具有记录和证实信息安全体系运行有效的作用，其他文件则具有证实信息安全策略体系客观存在和运行适用性的作用。

·评价的作用——信息安全策略体系的作用可以在相关文件、记录上得到反映。

·保障的作用——信息安全策略体系文件是总行实现风险控制、评价和改进信息安全策略体系、实现持续改进不可缺少的依据。

·平衡培训要求的作用——人员培训的内容和要求应与策略文件上要求相一致。

在下文的策略文件设计中，实际完全沿用了信息安全管理体系（ISMS）的文件架构，因为：1）在目前规程设计方面，尚没有公开文献能够超越 ISO/IEC 27000 标准族的架构，更多的是在此基础上的修修补补；2）本规划中所称"策略体系"，主要是为了适应中国化的管理情境，并无可靠的理论依据。

10.2.2 典型安全制度的示例

鉴于此，在下文中我们不再严格区分其中术语，简而言之，本部分就是了设计大都银行的信息安全制度。

1. 一级文件设计[16]

方针文件。全公司范围内的信息安全方针，需要从公司整体角度考虑来制定，应该能够反映最高管理者对信息安全工作下达的旨意，应该能为所有下级文件的编写指引方向。包含信息安全方针的信息安全管理手册，由信息安全委员会负责制定、修改和审批，是对信息安全管理体系框架的整体描述，以此表明确定范围内信息安全管理体系是按照既定目标要求建立并运行的。信息安全手册应该是每个员工都持有的，是员工在信息安全方面的行动纲领。

---

[16] 文件设计，此处描述比较粗略，主要为了演示架构，而不是针对具体文件，而且主要依据 ISO/IEC 27001：2005，如果更详细的资料，建议参考：

谢宗晓，信息安全管理体系实施指南（第2版），中国质检出版社/中国标准出版社，2016.

谢宗晓，信息安全管理体系实施案例（第2版），中国质检出版社/中国标准出版社，2016.

表 10 - 2　一级文件示例

文件名称	主要内容
《大都银行信息安全管理制度》	主要阐述： ·信息安全目标 ·信息安全方针 ·信息安全原则 ·信息安全愿景和使命 ·风险接受准则 ·信息安全策略 ·信息安全制度建设、发布、修订要求
《大都银行信息安全管理手册》	阐明大都银行信息安全管理体系覆盖的范围： ·组织范围、地域范围、网络范围、信息系统范围、物理区域范围 ·信息安全管理体系管理流程 ·信息安全基本策略 ·员工应遵守的信息安全守则
《大都银行信息安全管理体系适用性声明》 （可选，这是 ISO/IEC 27001 的产物，不是强制要求，但是考虑到合规的话，还是需要的）	根据公司的实际情况，明确哪些安全控制适用，并阐述适用原因及裁剪原因

2. 二级文件设计

信息安全各方面管理的程序、规范文件。这些程序文件应该是针对信息安全某方面工作的，是对信息安全方针文件内安全策略部分内容的进一步细化，基本上是针对各部门通用的，个别仅适用部门内部的安全管理，以下是安全管理制度体系的文档清单，以及各管理程序文件可能的文件框架和主要内容，实际编写时可能会有调整和变化，二级信息安全管理体系文件可能包含以下内容（可能不限于此，或存在不同）：

表 10 - 3　二级文件示例

文件名称	可能框架
《大都银行信息安全组织管理规定》	主要阐述： ·信息安全组织架构 ·信息安全组织岗位职责 ·分支机构信息安全组织建设要求

表 10-3（续）

文件名称	可能框架
《大都银行信息安全风险管理规定》	主要阐述： • 风险评估管理要求 • 风险评估团队建设 • 风险评估管理流程 • 风险评估实施与要求 • 风险处置过程
《大都银行信息资产安全管理规定》	主要阐述： • 信息资产职责与权限划分 • 信息资产分类分级 • 信息资质标识 • 信息资产清单 • 信息资产使用与维护 • 信息资产保管与处置 • 信息资产废弃与销毁
《大都银行人员安全管理办法》	主要阐述： • 任用前安全要求 • 任用中安全要求 • 离职与调岗安全要求 • 人员安全培训要求 • 第三方人员安全管理
《大都银行物理与环境安全管理规定》	主要阐述： • 物理安全分区分域 • 物理入口安全控制 • 办公环境安全 • 外部环境威胁安全防护 • 安全区域内的安全控制 • 办公桌面环境安全管理 • 支持性设施保护
《大都银行设备与介质管理办法》	主要阐述： • 领用与发放 • 使用与保管 • 带出与送修 • 废弃与销毁

表 10-3（续）

文件名称	可能框架
《大都银行通信与操作安全管理规定》	主要阐述： • 系统安全规划和容量要求 • 网络安全管理要求 • 系统安全管理要求 • 恶意代码防范要求 • 备份安全管理要求 • 信息交换安全要求 • 电子商务服务安全要求 • 安全监控要求
《大都银行访问控制管理规定》	主要阐述： • 访问控制的业务要求 • 用户访问管理要求 • 用户职责要求 • 网络访问控制要求 • 操作系统访问控制要求 • 应用和数据访问控制要求 • 移动网络和应用访问控制要求 • 远程管理访问控制要求
《大都银行信息系统获取、开发和维护管理规定》	主要阐述： • 信息系统的安全要求 • 应用安全处理 • 密码安全管理 • 系统文件安全管理 • 开发和支持过程中的安全要求 • 技术脆弱性管理
《大都银行信息安全事件管理办法》	主要阐述： • 信息安全事件分类分级 • 信息安全事件报告 • 信息安全事故的处置 • 信息安全事故的恢复 • 信息安全事件的通报 • 信息安全事件的总结与改进

表 10-3（续）

文件名称	可能框架
《大都银行业务连续管理实施办法》	主要阐述： · 业务影响分析 · 业务连续性和风险评估 · 制定和实施业务连续计划 · 测试、维护和再评估业务连续计划
《大都银行应急预案管理办法》	主要阐述： · 应急预案建设框架 · 应急组织 · 突发事件分级 · 应急预案启动条件 · 应急预案执行流程 · 应急处置和恢复 · 应急预案培训与演练
《大都银行内部审核办法》	主要阐述： · 内部审核组织与职责 · 内部审核方案与计划 · 内部审核实施程序 · 实施纠正措施 · 实施预防措施
《大都银行文件管理办法》	主要阐述： · 文件分级 · 文件编写 · 文件发布 · 文件修订 · 文件废止 · 外来文件管理
《大都银行记录管理办法》	主要阐述： · 记录归档 · 记录查询和借阅 · 记录保存 · 记录处置 · 记录审核与回顾

3. 三级文件设计

具体的作业指导书。这些文件牵涉与具体部门特定工作或系统相关的作业规范（操作步骤和方法），可以由各个部门自行制定，或者根据大都银行需要，制定某些当前需要的管理办法或者流程文件，是对各个程序文件所规定的领域内工作的细化描述。

表 10-4 三级文件示例

文件名称	主要内容
《大都银行内部审核实施细则》	主要阐述： ·内审方案及内审计划的制定，以及内审的准备工作 ·内审的实施过程，包括内审首次会议的召开与议题，现场审核检查表的制定，不符合项的判定规则，内审末次会议的召开与议题，内审不符合项整改计划的制定，内审整改计划的实施与跟踪 ·内部审核流程图
《大都银行信息安全风险评估实施细则》	主要阐述： ·资产分类与统计 ·资产赋值与计算 ·威胁分类与赋值 ·脆弱性分类与赋值 ·识别控制措施 ·风险评估流程与计算方法 ·风险处置 ·风险跟踪
资产管理	
《大都银行终端安全管理办法》	主要阐述： ·总体要求 ·终端硬件管理 ·终端桌面管理 ·终端软件管理 ·终端数据管理 ·终端网络访问 ·病毒和攻击防范 ·口令和密码管理 ·终端安全使用 ·终端安全检查

表 10 - 4（续）

文件名称	主要内容
《大都银行信息资产分类控制实施细则》	主要阐述： • 信息资产业务分类类别 • 资产分类流程 • 资产分类清单 • 资产清单维护与更新 • 资产分类安全控制
《大都银行数据分类和分级管理办法》	主要阐述： • 数据分类标准 • 数据分级标准 • 数据安全标识 • 数据分类管理
人力资源安全	
《大都银行员工信息安全守则》	主要阐述： • 员工物理与环境安全日常行为规范 • 员工终端及系统账户与口令使用安全规范 • 员工计算机设备使用安全规范 • 公用计算机设备使用安全规范 • 计算机软件使用安全规范 • 电子邮件使用安全规范 • 计算机网络使用与内网行为规范 • 互联网使用及员工网络言论规范 • 外部人员计算机设备接入安全要求及行为规范 • 员工个人数据备份要求 • 敏感信息保密要求
《大都银行信息安全考核管理办法》	主要阐述： • 安全考核总体要求 • 安全考核指标 • 安全考核流程 • 安全考核结果利用

表 10 - 4（续）

文件名称	主要内容
《大都银行第三方人员信息安全管理细则》	主要阐述： · 第三方人员基本安全管理，包括现场第三方人员的行为规范，以及职责 · 第三方人员账户管理，包括为第三方人员分配账户的策略，第三方人员账户权限的设置与撤销等 · 第三方计算机设备接入控制要求，如准入控制、防病毒软件与终端管控软件的安装等 · 第三方远程访问控制与远程维护要求 · 第三方人员的更新与退出
《大都银行信息安全培训教育管理办法》	主要阐述： · 信息安全培训教育总体要求 · 信息安全培训教育形式 · 信息安全培训教育内容 · 信息安全培训教育实施流程 · 信息安全培训鼓励与考核
物理与环境安全	
《大都银行物理安全区域管理细则》	主要阐述： · 物理安全区域划分与区域级别设置，如公共接待区、访客区、办公区、核心区域等 · 安全区域的控制措施，如门锁、门禁系统等 · 员工及第三方人员对不同区域的访问能力以及活动要求
《大都银行机房安全管理办法》	主要阐述： · 机房基础设施管理 · 机房人员出入管理 · 机房环境安全管理 · 机房防火管理 · 机房值班管理 · 机房运维与巡检管理 · 机房安全监控管理

表 10-4（续）

文件名称	主要内容
《大都银行办公环境安全实施细则》	主要阐述： · 办公区域进出登记与访问管理 · 办公区域外来人员标识 · 办公区域环境安全管理 · 办公区域设备维护与定期检查 · 办公区域卫生与安全管理
通信与操作管理	
《大都银行网络安全管理办法》	主要阐述： · 网络规划与区域划分管理 · 网络拓扑管理 · 网络设备与安全配置管理 · 网络连接与配线管理 · 网络安全策略管理 · 网络性能与安全监控，包括网络设备性能，网络流量监控以及容量管理，以及对网络安全事件的分析与报警等 · 网络审计与日志管理 · 网络 IP 地址划分、分配管理 · 网络传输加密要求及控制措施的实施要求
《大都银行互联网出口安全规范》	主要阐述： · 互联网出口划分及管理 · 互联网出口安全控制措施要求及实施规范 · 互联网用户对互联网资源的使用规范与行为要求
《大都银行网络准入安全管理规范》	主要阐述： · 生产区终端网络准入策略 · 办公区终端网络准入策略 · 运维区终端网络准入策略 · 公共接入区网络准入策略 · 外部系统接入网络安全策略

表 10 - 4（续）

文件名称	主要内容
《大都银行防病毒管理办法》	主要阐述： • 防病毒职责 • 一般防病毒意识 • 防病毒系统部署 • 防病毒软件使用与配置 • 防病毒系统日常维护
《大都银行移动存储介质管理办法》	主要阐述： • 移动存储介质使用策略 • 移动介质领用与登记 • 移动介质保管 • 终端环境介质使用 • 机房环境介质使用 • 移动存储介质回收与销毁
《大都银行数据备份与恢复实施细则》	主要阐述： • 数据备份策略 • 数据备份流程 • 数据备份的恢复性测试 • 数据备份介质的管理
《大都银行安全监控安全审计管理细则》	主要阐述： • 描述安全监控与审计职责 • 描述对终端、网络、主机系统、数据库、应用系统的安全监控的要求，与监控阈值 • 描述对终端、网络、主机系统、数据库、应用系统的安全审计的要求与审计报告的生成
• 《大都银行信息系统日志管理规范》	主要阐述： • 日志审计策略部署 • 系统日志备份策略 • 日志分析与审核 • 日志服务器的维护

表 10 - 4（续）

文件名称	主要内容
	访问控制
《大都银行计算机补丁管理流程》	主要阐述： ·应用系统、主机、数据库、网络及安全设备补丁跟进和通告 ·应用系统、主机、数据库、网络及安全设备补丁的测试及回退计划制定要求 ·应用系统、主机、数据库、网络及安全设备补丁安装申请、审批、实施 ·应用系统、主机、数据库、网络及安全设备补丁验证
《大都银行账号和口令管理规定》	主要阐述： ·账户的分类以及账户创建、使用、变更与注销 ·口令的分类、设定、生成与更改 ·特殊账户管理 ·账号的定期清理和维护
《大都银行用户权限管理细则》	主要阐述： ·描述用户授权原则 ·描述授权责任 ·授权流程。包括权限的申请、审批，以及定期的权限核查与清理
《大都银行安全基线配置管理规范》	主要阐述： ·《大都银行网络安全配置基线标准》 ·《大都银行主机安全配置基线标准》 ·《大都银行数据库安全配置基线标准》 ·《大都银行中间件安全配置基线标准》 ·《大都银行终端安全配置基线标准》 ·配置基线的管理流程，包括安全加固，配置检查，整改实施与跟踪 ·系统配置基线的变更管理流程

表 10 - 4（续）

文件名称	主要内容
《大都银行安全域管理细则》	主要阐述： • 安全域的划分方法 • 安全域内不同区域间的安全控制措施，以及控制措施的实施要求 • 安全域边界的保护措施 • 安全域间的访问控制授权设置及管理要求
信息系统获取、开发与维护	
《大都银行软件开发安全管理流程》	主要阐述： • 系统可行性研究与立项管理 • 安全需求获取、评审流程 • 根据安全需求进行安全设计，并对安全设计方案进行评审 • 开发阶段对安全设计的实现，以及开发标准的设定 • 软件测试阶段，安全测试的方式及安全测试管理流程 • 系统上线的验收、发布、安全评审的管理流程
《大都银行信息系统安全等级分级指南》	主要阐述： • 信息系统等级划分描述 • 信息系统等级安全要求描述 • 信息系统等级评定标准
《大都银行代码安全管理规范》	主要阐述： • 代码编写安全要求 • 不同开发语言安全编码规范设定要求；包括 C、JAVA、移动代码开发等 • 代码编写环境安全要求、编译器安全要求 • 代码编写安全要求检查 • 代码编写安全要求不符合项整改计划，与实施跟踪
《大都银行信息系统弱点评估及加固管理细则》	主要阐述： • 信息系统弱点评估方法描述，如漏洞扫描、渗透测试、代码分析等 • 信息系统弱点评估周期要求 • 弱点加固管理流程，包括加固计划制定、加固实施、实施情况跟踪等

表 10 - 4（续）

文件名称	主要内容
信息安全事件管理	
《大都银行信息安全事件管理与报告管理规定》	主要阐述： • 信息安全事件管理组织架构 • 信息安全事件的定义 • 信息安全事件分类分级 • 信息安全事件报告方式 • 信息安全事件处理流程 • 信息安全事件通报 • 信息安全事件总结与改进
《大都银行应急响应预案管理规定》	主要阐述： • 专项应急预案制定要求 • 应急演练的方式及方法 • 应急预案计划的制定，要求至少每年制定应急预案的演练计划 • 应急预案演练流程，包括应急预案演练申请、应急处理、应急预案演练事后总结 • 应急预案更新，要求根据应急预案的演练结果更新应急预案
业务连续管理	
《大都银行业务连续性管理过程规范》	主要阐述： • 建立业务连续性计划方针和管理 • 理解业务环境 • 确定业务连续性计划的策略 • 开发及执行业务连续性计划 • 业务连续性计划的测试、维护和审计流程与要求 • 在企业内建立业务连续性计划文化
《大都银行业务影响分析实施细则》	主要阐述： • 关键业务功能识别 • 系统关联性识别 • 识别业务中断损失及影响 • 系统 RTO 与 RPO 的设定 • 识别系统性能下降程度

表 10-4（续）

文件名称	主要内容
符合性	
《大都银行检查、监控与审计管理规范》	主要阐述： • 信息安全检查分类 • 内部信息安全检查流程 • 信息安全检查不符合项整改计划制定与实施、跟踪

4. 四级文件设计

各种记录文件，包括实施各项流程的记录和表格，应该成为信息安全管理体系得以持续运行的有力证据，由各个相关部门自行维护。

10.2.3　规划安全技术

信息安全运维体系重点应针对管理信息大区，明确其安全策略、管理和技术措施，规划管理信息系统信息安全防护技术体系、运维体系。

技术体系设计界定为总行和数据中心有关物理、网络、主机、应用、安全监控与审计有关的技术方案。

1. 参考模型

对信息系统的安全保护，在技术层面，是通过采取一系列的安全保护行为，建立一个有效的保护机制来实现，如图 10-12 所示。在 IAARC 信息系统安全技术模型该模型中，包含了身份认证、内容安全、访问控制、响应恢复和审核跟踪 5 个部分，当前主要的信息安全技术或产品都可以归结到上述五类安全技术要素。

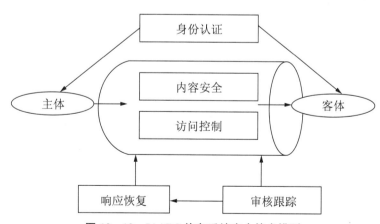

图 10-12　IAARC 信息系统安全技术模型

1) 身份认证

认证是通过对信息系统使用过程中的主客体进行鉴别,确认主客体的身份,并且给这些主客体赋予恰当的标志、标签、证书等。认证为下一步的授权工作打下基础。认证解决了主体本身的信用问题和客体对主体的访问的信任问题,是对用户身份和认证信息的生成、存储、同步、验证和维护的全生命周期的管理。

身份认证是技术体系的前提保障,主要用在执行有关操作之前对操作者的身份进行证明。身份认证主要通过标识和鉴别用户身份,以防止冒充合法用户进行资源访问;当认证用户身份合法时,用户才能进行与其身份相符合的有关操作。

2) 访问控制

指对各类系统资源的授权管理和访问控制。其中授权是指根据认证得到的主体的信息来判断该主体拥有怎样相应的权限,并将该权限赋予主体称之为授权。认证是授权的基础和依据,而主体经过了第一步的身份认证之后,都应遵循"不可旁路"的要求,必须通过授权这个关口才能进行相应的访问。

访问控制是指在主体访问客体的过程中,根据预先设置好的访问控制手段或规则,对访问过程中可能出现的信息安全问题加以有效地控制,保证主体对客体访问过程中的安全性。

访问控制是用来实施对资源访问加以限制的策略和机制,这种策略把对资源的访问只限于那些被授权用户,是对信息系统资源进行保护的重要措施,访问控制决定了谁能够访问系统,能访问系统的何种资源以及如何使用这些资源。

3) 内容安全

内容安全是指各个层面使用不同的安全技术来确保数据的机密性与完整性。例如,利用文件加密来保护用户终端的数据机密性;利用防篡改、内容过滤等技术保护应用系统和Web 服务等。内容安全主要确保信息的保密性、完整性。主要包括加密、防恶意代码、防病毒等内容。

加密是指通过使用对称加密、公钥加密、单向散列等手段,对各系统中数据的机密性、完整性进行保护,并提高应用系统服务和数据访问的抗抵赖性。

恶意代码泛指能够在某个信息系统上执行未被授权操作的软件或固件。恶意代码可以分为五大类:病毒、蠕虫、特洛伊木马、移动代码、逻辑炸弹。各类恶意代码有不同的特点。防恶意代码就是通过建立预防、检测、隔离和清除机制,保护系统的安全。

4) 审核跟踪

审核跟踪是指一系列关于操作系统、应用和用户活动相关的计算机事件。它能够增进计算机系统的可审计性。对于一个计算机系统可能有几个审核跟踪,每个都针对特定的相关活动类型。对审核跟踪的记录可以保存在日志文件或相关的日志数据库中。

监控审计是对信息资产和网络资源状态和信息安全状况的分析,通过监控审计可以清楚地了解谁从哪里发起访问,谁运用了何种手段访问了哪些数据资源,其访问过程中是否存在安全风险。监控审计是检验安全策略和实践方案的基础，并客观的验证了安全措施的有效性。

5）响应恢复

信息安全的预防、保护控制措施不可能完全避免意外信息安全事件的发生，必须采取相应的措施，最大限度地降低一旦发生的信息安全事件对业务造成的影响。大都银行应根据不同的业务需求、不同的等级要求，建立相应的响应恢复机制。这方面的技术主要表现在冗余、备份、容错等方面。

备份恢复包含两个密不可分的技术体系，备份是对数据进行可用性保护的前提，其最终目的是为了当数据被破坏时能够快速地恢复，而恢复则是保护数据可用性的最后一道防线，备份恢复是保持业务的运行和业务的连续性的关键。

2. 基本框架

信息安全技术体系从信息技术的角度加，通过对各类技术手段的使用来落实很多安全管理和运维过程中的安全控制要求，并参照信息系统等级保护、信息安全保障体系框架等，从系统层面来分层提出等级化的安全要求。信息安全技术体系纵向依次物理层、网络层、系统层、应用层到终端五个层次，横向将覆盖身份认证、访问控制、内容安全、响应恢复以及审计跟踪五个方面，全面覆盖安全防护所有的对象并体现纵深的防御思想。信息安全技术体系框架如图 10‑13 所示：

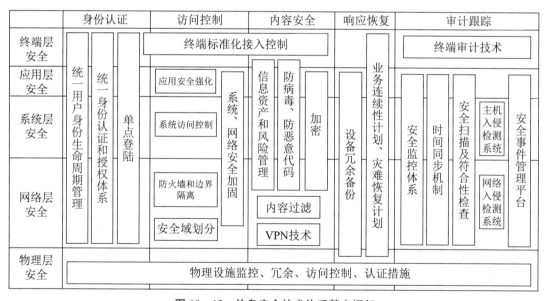

图 10‑13　信息安全技术体系基本框架

10.2.4 典型安全技术的示例

如果将信息安全控制整体分为管理类和技术类，一般而言，管理类控制表现为公司的管理制度，而技术类控制则表现为各类信息安全产品。

某一种技术可能衍生出许多种商业产品，但是对于技术革新而言，基本都是唯一的，因此在规划过程中，不能过度的强调产品选型，只有了解了技术的本质，才有可能选择对的产品。而且，有诸多商业产品只是各种技术的重新组合，并不具备实际的创新。在下文的介绍中，并不致力于对所有的产品做一个索引[14]，而是以典型产品和技术为例，探讨在实际工作中产品选型的通用流程。

10.2.4.1 入侵检测（ID）技术及其产品标准化浅析

1. 概念

所有未经允许的进入都可以称为"入侵"，这个词汇在物理层面并不难判断，例如国土遭到了敌人入侵，但是在虚拟的网络空间（cyberspace）中，入侵的概念变得广义且模糊，黑客攻击肯定是入侵行为，但是尚未破解的口令尝试也算，直至恶意代码等都可以列入其中。也就是说，在信息安全情境中，所有的恶意行为都列入其中，不再刻意限定边界。

入侵检测是对企图入侵、正在入侵或已经发生的入侵行为识别的过程。无论以任何技术实现上述目标的系统，都可以称为入侵检测系统（Intrusion Detection System，IDS）。通俗地讲，IDS 的目标就是发现可能的恶意威胁（称为事件），记录该事件并采取适当的行动。这就引出了 IDS 的两个基本问题：

问题 A：如何判断恶意的事件？

问题 B：采取什么适当的行动？

2. 主要发展过程

在物理世界，因为有了围墙，所以有了门作为出入口，同时控制其中安全。在数字世界，因为有了电子安全边界（Electronic Security Perimeters，ESP），所以有了控制出入口的防火墙。总之，因为有了边界的概念，就产生了入侵的概念。因此，防火墙和 IDS 的提出都非常早，防火墙几乎与路由器同时产生。

1980 年 2 月 26 日，James P. Anderson Co[18] 在标题为 Computer Security Threat Monitoring and Surveillance（计算机安全监控与监视）的一份报告中提出了入侵检测的概念。在该报告的引言中就提出项目的目标在于提高系统的审计和监视能力，因此，在当时，对

---

⑭ 关于信息安全产品的介绍与综述，请参考本丛书的《信息安全控制措施部署参考手册》。

⑱ James P. Anderson Co. 是 James P. Anderson 建立的咨询公司，在诸多文献中，都直接将 Anderson 作为报告的作者，实际报告的署名是该公司。James P. Anderson 是信息安全界的先驱，去世于 2007 年 11 月。他对信息安全的兴趣起源于 1953—1956 年期间，当时服役于美国海军，担任报务员（radio officer）。Anderson 的主要贡献是其于 1972 年提出 reference monitor，1980 年提出 audit trail–based 入侵检测。

于入侵检测的理解更强调审计跟踪（audit trail）。

Dorothy E. Denning[⑩] 在 1983—1987 年以计算机科学家的身份加入斯坦福国际研究院（SRI International），在这期间，她带领设计了入侵检测专家系统（Intrusion Detection Expert System，IDES）。需要注意的是，IDS 是被定义为是专家系统的。这一认识，奠定了其后续发展的基调。至此，IDS 的概念框架基本确定，在后续的发展中，主要是技术突破的问题。

既然可以认为是专家系统，对 IDS 而言，那么准确性就非常重要，几乎所有的厂商都在强调准确性。但实际情况是，限于底层技术的瓶颈，IDS 的准确率总是有限的。也就是说，问题 A：如何判断恶意的事件？是 IDS 领域不变的主题。

回顾问题 B，回归到 IDS 的本源，IDS 的产生是为了监视系统，监视系统的最终目的是为了防止入侵，最好是能够阻止攻击或者与外部系统联动预防威胁。因此，对于入侵可分成两个层次的理解：1）最好是能够防止入侵，防患于未然；2）如果不能阻止，至少能够事后发现，亡羊补牢。

以此为分界点，目标为 2）的为第一代 IDS，目标为 1）的为第二代 IDS，称为入侵防御系统（Intrusion Prevention System，IPS）。

3. 技术分析及其趋势

IDS 的技术分析本质是讨论问题 A 的解决。

目前 IDS 的技术主要有：统计异常检测（anomaly‐based detection）和特征码检测（signature‐based detection）。

统计异常检测是由 Dorothy E. Denning 所提出的，其基本原理就是建立基线，定义什么是正常，然后将测量特定时间段和监控指标发生的事件数量进行对比。统计异常检测的本质就是统计学。最简单的例子是某个阶段有人总是输错口令（password），造成账户被锁定。这就被定义为异常事件。统计异常检测的 IDS/IPS 将与其类似的概念扩展到涵盖网络流量模式、应用程序事件和系统利用率。

统计异常检测优点是善于检测突然超过标准的事件，例如 CPU 资源耗尽，某个网络节点流量异常等，缺点是不能适应快速变化的网络环境，换句话说，"正常"并不是一成不变的，一旦变化频繁，统计异常检测的准确性就迅速降低，产生更多的误报。

特征码检测的原理跟病毒检测原理类似，依赖于已知的不良行为和模式进行判断，这与统计异常检测的逻辑实际是相反的。如果统计异常检测非常重要的是依赖于定义"正常"，那么特征码检测主要是依赖于定义"不正常"，即不良行为和模式的数据工作库。

特征码检测非常善于识别已知的威胁，而且如果定义良好的话，精确度也会非常高。

---

⑩　Dorothy E. Denning 生于 1945 年 8 月，2016 年从美国海军研究生院（Naval Postgraduate School，NPS）的职位退休。Denning 在获得普渡大学（Purdue University）博士之后，主要的研究经历都在乔治敦大学（Georgetown University）。从 Denning 的论文履历来看，她的研究兴趣更偏重数据库安全，最大的贡献在于提出了 lattice‐based access control（LBAC）。

显然，特征码检测无法预知可能的威胁。统计异常检测的本质是"有罪推定"，与正常的差异都会被预警，特征码检测的本质是"无罪推定"。

在技术上，对恶意事件的判定，越来越偏向预测的方向发展，例如，利用神经网络、贝叶斯网络、贝叶斯推理等，未来，人工智能和大数据对于形如 IDS/IPS 这样的专家系统肯定有很大的促进。

在具体产品设计上，集成化是比较明显的趋势，例如，统一威胁管理（Unified Threat Management，UTM）就是将防火墙、网关防病毒和 IDS/IPS 等产品集成在一起。抛开 UTM 这种没有实际技术突破的产品，防火墙和 IDS/IPS 等都在向应用层（OSI 的第 7 层）发展，都在试图解析报文中的数据净荷，以提高判断的准确率。

4. 相关的国际/国家标准

IDS 的相关标准，可以分为产品相关标准和应用场景相关标准。其中，产品相关标准关注的是如何设计、生产 IDS/IPS，应用场景相关标准关注的是如何选择、部署 IDS/IPS。如引言中所述，在本节中，我们更关注的是应用场景相关的 IDS/IPS 标准。

在 ISO/IEC 27000 标准族中，发布有 ISO/IEC 27039：2015，其标准名称为：Information technology—Security techniques—Selection，deployment and operations of intrusion detection and prevention systems（IDPS）信息技术安全技术入侵检测与防御系统（IDPS）选择、部署和操作。

ISO/IEC 27039 之前被发布为 ISO/IEC 18043：2006，等同采用为国家标准 GB/T 28454—2012，标准名称为：信息技术 安全技术 入侵检测系统的选择、部署和操作。从其中标题的变化就可以看出从 IDS 向 IPS 的变化趋势。

此外，国家标准发布了两个 CC 类的产品标准，分别为：1）GB/T 20275—2013《信息安全技术 网络入侵检测系统技术要求和测试评价方法》；2）GB/T 28451—2012《信息安全技术 网络型入侵防御产品技术要求和测试评价方法》。

5. 小结

IDS/IPS 通常被认为是继防病毒软件和防火墙之后的最重要的安全防护手段之一，此三者被业界称为"信息安全老三样"。市场上存在各种各样的 IDS/IPS 产品，以及各种各样的不依据技术路线的分类，例如，基于主机的 IDS 称为 HIDS，基于网络的 IDS 称为 NIDS。但是万变不离其宗，在本书中，梳理了其发展过程，分析了主流的技术实现路线，以帮助读者选择合适的产品。

10.2.4.2　防火墙技术及其产品标准化浅析

1. 概念

防火墙是网络安全的第一道防线，在安全、可控的内部网络与不可信任的外部网络（如互联网等）之间建立了一道屏障。大约没有逻辑比防火墙更清晰的信息安全产品了，防火墙控制着网络入口，对数据流进行过滤。这与物理世界中的控制方式基本是一致的。

对比之前讨论过的 IDS/IPS（Intrusion Detection/Prevention System）部署方式，一个

最大的区别就是防火墙是禁止旁路的，这毫无疑问会影响整体的网络性能，如同高速公路的收费站，因此，对 IDS/IPS 而言，提高准确率是其不变的主题，对于防火墙而言，准确率重要，效率也同等重要。

一般而言，防火墙至少需要满足三个目标：1）防止旁路，即所有的进出数据流都得经过防火墙；2）只允许经过授权的数据流通过防火墙；3）保证防火墙自身的安全，防止其成为最首要的攻击目标。

2. 主要技术及其发展过程

Firewalls 词汇最早出现于 1764 年前后，用来指防止火灾蔓延至相邻区域且耐火极限不低于某时段的不燃性墙体。介绍防火墙历史非常完整的文献是从围墙开始讨论的，特别举例说明了中国的长城。由于防火墙的逻辑非常容易理解，或者说易于与现实世界进行类比，因此防火墙几乎与路由器同时出现。防火墙从建筑学领域被应用至计算机领域是在 20 世纪 80 年代晚期，随着网络（network）的出现。

第一篇可以查阅的关于防火墙的论文出现于 1988 年，数字设备公司（Digital Equipment Corporation，DEC）[150] 首次发布了关于数据包的过滤系统，这被定义为第一代防火墙，即包过滤防火墙（packet filter firewalls）。1992 年，贝尔实验室（AT&T Bell Labs）[151] 的 Bill Cheswick 与 Steve Bellovin[152] 首次用示例的方式完整的描述了包过滤防火墙的部署架构拓扑。无论是静态包过滤技术还是动态包过滤技术，第一代防火墙都是工作在网络层（OSI 第 3 层），也就是说，主要是依靠检查包头，能够识别访问源和访问目标，对"数据包净荷"一无所知，因此，难以抵抗 IP 欺骗攻击。

第二代防火墙通常被称为"状态防火墙（stateful firewalls）"或"电路级网关（circuit-level gateways）"，工作在会话层（OSI 第 5 层）。当一个 IP 地址连接到另一个 IP 地址的某个具体 TCP 或 UDP 端口时，防火墙会跟踪这些会话。包过滤防火墙难于抵御中间人攻击的主要问题在于，包过滤防火墙是无状态的，二代防火墙对会话的跟踪使得会话有了状态（stateful），从而可以解决这个问题。

但是二代防火墙依然不能读取"数据包净荷"，因此实现的安全是有限的，例如，跨站脚本攻击和 SQL 注入等 Web 威胁就难以识别。第三代防火墙工作在应用层（OSI 第 7 层），称作"应用防火墙（application firewall）"，能够对应用数据进行解码，例如 HTTP 协议。以 Web 应用防火墙（WAF）为例，其优点解决了某些高层协议的安全，缺点是只能解决某些协议，或者说特定服务的安全。

---

⑤ DEC 建立于 1957 年，是较早的计算机设备公司，1998 年并入康柏（Compaq），在 2002 年，康柏被惠普（Hewlett-Packard）收购。

⑤ Bell Labs 建立于 1925 年，1992 年还隶属于美国电报电话公司（AT&T），后来依次被西部电器（Western Electric）和阿尔卡特朗讯（Alcatel-Lucent）收购，2016 年，诺基亚（Nokia）收购了 Bell Labs，目前标识为 Nokia Bell Labs。

⑤ Bill Cheswick 在 1987 年入职贝尔实验室，在信息安全领域，他和 Steve Bellovin 不仅发明了第一代防火墙，还发明了蜜罐（honeypots）。蜜罐是一种安全技术。

3. 技术趋势分析

下一代防火墙（Next Generation Firewall，NGFW）是目前业内厂商的主推产品，NGFW 仍然工作在应用层，因此很多时候会被认为是第三代防火墙的延伸产品。NGFW 首先要解决三代防火墙中检查"广度"的问题，同时也需要加强检查的"深度"。

先讨论广度的问题。以 WAF 为例，WAF 实际是代理，每种应用都需要设置，配置复杂，且性能不高。NGFW 应该能够自动识别应用，不仅是针对某种或某几种特定服务。这需要"集成化"。NGFW 也强调了多功能集成，其中包括了 IPS 和统一身份认证等功能，但还强调这不是功能的堆砌。

再讨论深度问题。第三代防火墙一般不能识别 HTTPS 或 SSH（Secure Shell）等加密传输协议。应用程序可能会通过加密网络流量来绕过防火墙，简单的阻止显然不符合实际。这时候就需要防火墙做更深度地启发式检查，例如，多数应用程序使用握手协议来开启新会话，这通常有一个可识别的模型，或者通过数据的频率、大小和时延等对通信进行分析，这种工作模式就形如 IDS/IPS 类似的专家系统。

特别强调一下统一威胁管理（Unified Threat Management，UTM），UTM 一般将网络防火墙，网络防病毒和网络入侵检测等集成至一个产品，但是这可能会影响效率。对效率的影响不难理解，如上文所述，防火墙是串联在网络边界，IDS/IPS 则不需要，完全可以旁路部署。一旦诸多功能集成叠加在一起，势必会影响效率，因此更适合中小企业。

多功能化不仅是防火墙的发展趋势，也是其他诸多安全产品的未来方向。例如，由于部署的位置类似，可以利用防火墙实现加密虚拟专用网络（Virtual Private Network，VPN），再如，由于加密数据难以过滤，防火墙和 IDS/IPS 的功能愈加整合。

4. 相关的国际/国家标准

沿用上文中的标准分类方法，我们将防火墙相关标准分为：Ⅰ类，产品相关标准；Ⅱ类，应用场景相关标准。其中，产品相关标准关注的是如何设计、生产防火墙，应用场景相关标准关注的是如何选择、部署防火墙。与之前讨论的 IDS/IPS 不同，在 ISO/IEC 27000 标准族中，没有关于Ⅱ类标准。

值得指出的是，Ⅰ类标准和Ⅱ类标准的最大区别在于，Ⅰ类标准针对的一般是专业的厂商，Ⅱ类标准针对的则是一般用户。因此，Ⅱ类标准的应用更普及一些。例如，CC（Common Criteria）属于Ⅰ类，ISMS（Information Security Management System）则属于Ⅱ类。显然，就应用范围而言，ISMS 广泛得多。

国家标准中关于防火墙的，已经发布了 4 个 CC 类的产品标准，分别为：1）GB/T 20010—2005 信息安全技术　包过滤防火墙评估准则；2）GB/T 20281—2015《信息安全技术　防火墙安全技术要求和测试评价方法》；3）GB/T 31505—2015《信息安全技术　主机型防火墙安全技术要求和测试评价方法》；4）GB/T 32917—2016《信息安全技术　WEB 应用防火墙安全技术要求与测试评价方法》。

5. 小结

防火墙是网络安全中最重要、应用最广泛的安防产品之一，虽然原理通俗易懂，但是数据过滤的性能而言，则比较负责。本书中结合防火墙的发展过程，分别介绍了工作在 OSI 模型 3 层（网络层）、5 层（会话层）和 7 层（应用层）的数据过滤技术，并以此分成了三代防火墙，分析了其优缺点。在此基础上，也讨论了下一代防火墙（NGFW）。

10.2.4.3　虚拟专用网络（VPN）及其标准浅析

1. 为什么需要 VPN

连接不同的网络，最直接的方法是拉一条线缆，这种"土豪路数"一般只适用于军事用途。既然物理专线的方式不可行，可以考虑采用逻辑上的专线，这就是我们平时所指的"专线"。专线的实现最常见的实现方式为 DDN（Digital Data Network，数字数据网）和 FR（Frame Relay，帧中继）。但是，几乎所有的专线存在最严重的问题是成本太高，租用专线的组织一般都是对数据和网络高度依赖的金融和证券等特殊行业用户，大部分企业没有能力也完全没有必要采用专线方式。

VPN 的出现正是为了解决以上缺点。事实上，VPN 是目前最常见，也是最"虚拟"的方式。通俗讲，VPN 就是在公用网络上搭建一个私有网络，所以 VPN 叫 Virtual Private Network，实际应翻译为虚拟私有网络。VPN 就是利用已经建成的网络（例如，Internet）将多个私有局域网连接在一起。

2.VPN 的服务质量

由于 VPN 建立在互联网上，因此也不能提供服务质量（Quality of Service，QoS）。数据在互联网上传输，如同汽车在公路网上运输，大致的时间可以确定，但不是很有准头。在数据高峰时候，数据不能及时到达，这与堵车是差不多的场景，不过情形比堵车更糟糕，堵车很少有把车直接丢了的情况，而链路堵塞则可能导致数据直接被丢弃。与此不同的场景是，专用于语音通话服务的电信网能够保证 QoS，如同铁路运输，在某一时刻火车（如同数据包）独占了该线路。

传输方式（或连接类型）与 QoS 并没有必然的联系。例如，"面向有连接型"和"面向无连接型"，前者如 TCP 协议，后者如 IP 协议。面向有连接型如同平时打电话，一方在拨号之后会等待对方应答，只有在对方应答之后才能开始通话。面向无连接型则不同，发送端随时发送，接收端也随时接收，如同我们去邮局寄包裹，不需要双方确定好时间，寄的只管按地址寄，收的只管按地址收。

3.VPN 的主要技术

VPN 属于远程访问技术，一个典型的 VPN 应用如图 10－14 所示。

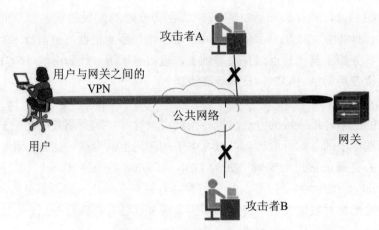

图 10 - 14　典型的 VPN 应用

VPN 的技术实现包括诸多方面，例如，隧道技术（Tunneling）、加密/解密技术和身份认证技术等，这其中最基本的是隧道技术。隧道技术是在公用网上建立一条数据通道（隧道），让数据包通过这条隧道进行传输。在隧道中，数据包会被重新封装。所谓封装，就是在原 IP 分组上添加新的表头，因此操作也叫 IP 封装化，就如同将数据包装进信封一样。一般而言，只对数据加密的通信路径不能称为隧道，在一个数据包上再添加一个报头才叫作封装化。

隧道的建立需要通过隧道协议。由于隧道技术在 VPN 实现中的重要性，隧道协议有时候也被称为 VPN 协议，VPN 本身有时候也被称为隧道。隧道协议可以工作在 OSI 参考模型的第 2 层到第 4 层，即数据链路层、网络层或传输层，常见的大多在第 2 层或者第 3 层，具体如表 10 - 5 所示。

表 10 - 5　主要的隧道协议

分类	中英文名称	缩写
2 层	点对点隧道协议 Point to Point Tunneling Protocol	PPTP
2 层	第 2 层转发协议 Level 2 Forwarding Protocol	L2F
2 层	第 2 层隧道协议 Layer 2 Tunneling Protocol	L2TP
3 层	IPSec	IPSec
3 层	通用路由协议封装 Generic Routing Encapsulation	GRE
3 层	多协议标签交换 Multi - Protocol Label Switching	MPLS
4 层	传输层安全协议 Transport Layer Security	TLS

表 10 - 5 中，较为重要的协议为 PPTP、IPSEC 和 MPLS。

PPTP 是在已经存在的 IP 连接上封装 PPP（Point to Point Protocol，点对点协议）会

话，可以认为是 PPP 的扩展，主要是增强了认证和加密功能。PPTP 对 PPP 本身并没有做任何修改，只是使用 PPP 拨号连接，然后获取这些 PPP 包，并把它们封装近 GRE 中。PPTP 采用 TCP1723 端口，且 PPTP 也没有定义任何加密机制，因此其安全性不如 IPSec VPN 和 TLS VPN。

IPSec VPN 提供端对端的安全性，是以后安全联网的趋势。因为所有支持 TCP/IP 的主机在进行通信时都要经过 IP 层的处理，所以提供了 IP 层的安全性就相当于为整个网络提供了安全通信的基础。IPSec 基本的工作原理是对于收到的数据包，先查询 SPD（Security Policy Database），以确定对其进行丢弃、转发还是封装。IPSec VPN 提供传输模式和隧道模式两种封装模式，传输模式仅加密载荷数据，隧道模式则对 IP 包头和载荷数据都会加密。这是由于刚发布时，当时的网络设备性能和网速比较慢，传输模式不加密可以提高速度。

IPSec 提供了认证头（Authenticaton Header，AH）和封装安全载荷（Encapsulate Security Payload，ESP）两类协议，两者既可以单独使用，也可以同时使用。AH 指的是将原 IP 数据包使用 AH 进行封装，并添加新的 IP 包头，然后对整个包签名。ESP 在原 IP 数据包基础上添加 ESP 包头，IP 包头和 ESP 认证尾。AH 和 ESP 的区别在于，ESP 提供加密，AH 不提供。

MPLS 就是在数据包上加个标签，标记一下流量等诸多要素。标记可以很多种，不止流量。加一堆别的标记，在 MPLS 上很容易实现 VPN。加了标记后，叫标签交换路径（LSP）。这种技术原理的，称为 MPLS VPN。每个 VPN 子网分配有一个标识符，叫作路由标识符 RD，RD 在服务商提供的网络中是唯一的。RD 与 IP 地址连接，形成新的地址，称为 VPN - IP。MPLS VPN 本身也没有加密机制，也就是说，安全性不如 IPSec。

SSL（Secure Sockets Layer，安全套接层）最初由 Netscape 公司开发，后来 IETF 将其更名为传输层安全（TLS）。SSL/TLS VPN 主要用于 HTTPS 协议中，作为构造 VPN 的技术，最大优点是不需要安装客户端。

4. 相关的国际/国家标准

在已经发布的 ISO/IEC 27000 标准族中，与 VPN 相关的如 ISO/IEC 27033 - 5：2013，其全称为：

Information technology—Security techniques—Network security—Part 5：Securing communications across networks using Virtual Private Networks（VPNs）

信息技术安全技术 IT 网络安全第 5 部分：使用虚拟专用网的跨网通信安全保护

ISO/IEC 27033 - 5：2013 实际是将 VPN 作为一个安全域处理，首先描述了 VPN 所面临的安全威胁，由此讨论了 VPN 的安全要求，包括：机密性、完整性、真实性、授权和可用性等，根据安全需求导出安全控制（controls），重点讨论的内容是设计，最后给出了产品选型指南。该标准中的安全设计内容，即第 10 章，从管理、架构和技术三个方面给出了指导，与 ISO/IEC 27001：2013 附录 A 的控制存在一致之处。

ISO/IEC 27033‐5：2013 在之前被发布为 ISO/IEC 18028‐5：2006，而该版本被等同采用为 GB/T 25068.5—2010。在 ISO/IEC 18028‐5：2006 前言中很明确的指出该标准拓展了 ISO/IEC TR 13335 与 ISO/IEC 17799 的安全管理指南。关于 ISO/IEC TR 13335 后续的开发，可以参考相关文献。

在国家标准中，发布有：GB/T 32922—2016《信息安全技术 IPSec VPN 安全接入基本要求与实施指南》。实际上，与 VPN 相关的标准大多以密码行业标准的形式发布，具体如表 10‐6 所示。

表 10‐6　密标委发布的与 VPN 相关的标准

标准编号	标准名称	备注
GM/T 0022—2014	技术规范 IPSec VPN	先是技术规范，
GM/T 0023—2014	网关产品规范 IPSec VPN	后是产品规范
GM/T 0024—2014	技术规范 SSL VPN	即 SSL/TLS VPN
GM/T 0025—2014	网关产品规范 SSL VPN	
GM/T 0052—2016	密码设备管理 VPN 设备监察管理规范	

5. 小结

虚拟专用网络（VPN）是连接异地网络最常见的技术之一，作为远程访问技术，VPN 的安全就显得格外重要。在本书中，首先分析了 VPN 的需求及其要解决的问题，然后讨论了在 VPN 实现中最为基础的隧道技术/协议，最后给出了目前 VPN 相关的标准。

10.3　控制层（Tier 3）设计

10.3.1　设计实施细则

一般而言，实施细则都是面向具体系统的，这与 4.2.2 安全管理制度设计以安全域为依据，存在一定的不同。例如，可以设计成如图 10‐15 所示。

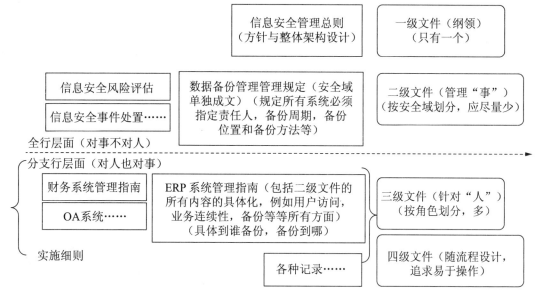

图 10‑15　层级文件设计及实施细则的位置

对于每一个信息系统而言，都存在两种最基本的角色，即用户（使用信息系统）和管理员（运维信息系统）。用户和管理员对于实施细则的诉求显然是不同的，具体如图 10‑16所示。

图 10‑16　信息系统的两种基本角色

对用户而言，只是使用信息系统的功能，并不需要了解系统的细节，更多地偏重"要求"，即应该避免哪些不安全的使用行为，例如，应该设置复杂的登录口令，应该定期修改口令等基本的安全操作。对管理员而言，更多地偏重"指南"，安全只是其日常运维的一部分内容，最好是将安全有机地结合到日常运维中。

无论对于信息系统的"用户"还是"管理员"，将安全有机地结合到其他流程，尤其是业务流程中，都是重要的。目前，普遍认为，主流的安全流程结合方法主要有：校准（align）、整合（integrate）以及嵌入（embed）。

校准是指信息安全控制也以流程的形式呈现，且无法通过其他途径精简，需要与其最相关的业务流程进行校准，以确保该流程尽量少影响或不会影响业务流程的运转。此外，新产生的信息安全流程也列入该类，因为之所以新产生流程，意味着校准不可被精简。

流程校准示意如图 10‑17 所示。

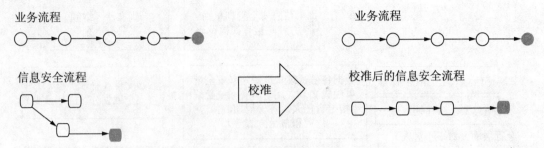

图 10‑17 流程校准示意图

例如，在 GB/T 22080—2016 / ISO/IEC 27001：2013 的附录 A. 8 中，信息资产生命周期管理一般要单独成文件并附流程，虽然大部分组织都已经存在资产管理的相关文件，但是资产管理更偏重于财务方面，而对于"信息"而言，却没有确定的价值，更重要的是从保管角度讲，也存在巨大不同，传统的固定资产面临的威胁主要来自物理方面的，而信息面临的威胁则主要来自逻辑方面的。因此，单独成文的信息资产管理流程要与已有的资产管理流程实现校准，例如，资产估值应该遵守现有的会计制度，整个生命周期在考虑独特性的前提下，尽量与已有的资产管理周期保持统一。

整合也是指信息安全控制以流程的形式呈现，这个流程与已有的业务流程各有重点，但是存在程序上或逻辑上的共同之处，可以考虑将两者或者更多整合成一个流程，从而减少了流程的总体数量，同时降低了执行者的负担。

流程整合示意如图 10‑18 所示。

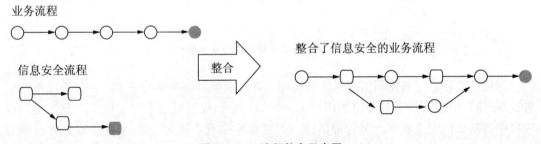

图 10‑18 流程整合示意图

整合在信息安全实践中是常用词汇，但是一般不是用来讨论流程层次的问题，而更多地用于标准架构层次。例如，在 GB/T 22080—2008 / ISO/IEC 27001：2005 引言指出"本标准与 GB/T 19001—2000 及 GB/T 24001—2004 相结合，以支持与相关管理标准一致的、整合的实施和运行"⑬。

---

⑬ 注意，该段描述在最新版的 GB/T 22080—2016/ ISO/IEC 27001：2013 中被删除了，但意思基本一致，还是强调了与其他管理体系的兼容性。

整体而言，标准整合已经是大势所趋，例如，质量管理体系/环境管理体系/职业健康安全管理体系/信息安全管理体系（QMS/EMS/OHSMS/ISMS）四个标准整合的管理体系设计。再如，ISO/IEC 15504[14] 与 ISO/IEC 27000 标准族的整合应用，其中包括了 ISO/IEC 15504－5 与 ISO/IEC 27002 控制措施之间的映射。

实际上，更多的信息安全控制是以控制点的形式呈现，并不能作为单独的流程。嵌入主要针对信息安全控制点，是将这些控制点嵌入到现有的业务流程上。具体如图 10－19 所示。

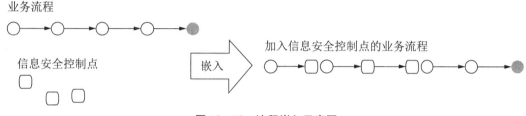

图 10－19　流程嵌入示意图

例如，GB/T 22080—2016 / ISO/IEC 27001：2013 中 A. 14 "信息系统开发、获取和维护"，尤其是信息系统开发过程，不可能脱离软件开发的一般过程，而是在这个过程中嵌入一系列的安全控制点。

在 GB/T 22080—2016 / ISO/IEC 27001：2013 的附录 A 中，共有 14 个控制域，35 个控制目标和 114 项控制措施。这 14 个安全控制域中，除了 A. 16 "信息安全事件管理"和 A. 17 "业务连续性管理的信息安全方面"存在明确的流程要求，其他安全域则更多是以控制点的形式呈现，例如，A. 7 人力资源安全，在实践中一般是在人力资源的相关规程中嵌入信息安全审核点。

无论是流程的校准、整合还是嵌入，最主要的目的之一是要降低对主营业务流程的干扰，以更节约的方式促进信息安全制度的落地。这与是否重视信息安全并不矛盾。孤立地看待信息安全，很容易陷入"为了安全而安全"的误区，更严重的是可能导致"尽职免责"的模式，由于专业技术人员和其他部门之间存在信息不对称，出于各种考虑，导致最后发布的信息安全制度充满陷阱。

10.3.2　设计安全基线

安全基线（benchmark）是系统配置最重要的概念之一。在实际应用中，基线与最佳实践（Best Practice，BP）/良好实践（Good Practice）等几个概念并不容易区分，例如，

---

　　⑭　ISO/IEC 15504 是 ISO/IEC JCT1 SC7 所公布的标准，主要基于"软件过程改进和能力测定（Software Process Improvement and Capability Determination，SPICE）"项目，这个标准类似于应用广泛的 CMM（Capability Maturity Model for Software）。ISO/IEC 15504 也是一个体系庞大的标准，目前包括了 10 部分。其中，ISO/IEC JCT1 SC7 是软件和系统工程委员会（Software and Systems Engineering），SC27 是信息安全分技术委员会。

CIS（Center for Internet Security）发布的[⑮]Cybersecurity Best Practices（网络安全最佳实践）包括两个最主要的工具包：CIS Controls 和 CIS Benchmark。由此可见，也不需要刻意区分这些词汇。在该工具包中，Controls（控制）是类似于 ISO/IEC 27002 的控制措施集合，Benchmark 则是针对各种系统的配置参数及其建议。

以 CIS_Red_Hat_Enterprise_Linux_6_Benchmark_v2.0.2 为例，选取其中一项说明系统安全基线的设计。

1.4.2 Ensure bootloader password is set 保证设置引导程序的口令

通过下面的命令检查：

\# grep " ^password" /boot/grub/grub.conf

password—md5 < encrypted‐password>

建议用 grub‐md5‐crypt 命令设置加密口令：

\# grub‐md5‐crypt

Password：< password>

Retype Password：< password>

< encrypted‐password>

复制并粘贴至/boot/grub/grub.conf：

password—md5 < encrypted‐password>

最终形成如表 10-7 为示例的检查表。

表 10-7　基线配置示例

控制（control）	配置是否正确	
	是	否
1.4 Secure Boot Settings	☐	☐
1.4.1Ensure permissions on bootloader config are configured	☐	☐
1.4.2Ensure bootloader password is set	☐	☐
1.4.3Ensure authentication required for single user mode	☐	☐
1.4.4Ensure interactive boot is not enabled	☐	☐

---

⑮　https：//www.cisecurity.org/cybersecurity‐best‐practices/。

Eleven

D²CB实施阶段（Do）

11.1 任务与投资分析

11.1.1 任务分解

11.1.1.1 如何快速进行任务分解？

如前文所述，WBS 的基本流程为：目标→任务→工作→活动。观察 GB/T 22081—2016/ ISO/IEC 27002：2013 的描述方式，是最容易结合的。在该标准中，并不刻意区分技术要求或管理要求，或者说，不关心实现途径。其中控制的描述结构，自上而下又分为：安全控制类、目标和控制。具体而言，就是包含了如表 11－1 所示，GB/T 22081—2016 / ISO/IEC 27002：2013 描述了 14 个大类，这些大类又细化为 35 个目标，接着有 114 项控制来实现相应的目标。

表 11－1　GB/T 22081—2016 / ISO/IEC 27002：2013 中控制的描述结构

14 安全控制类	35 目标	114 控制
5[156] 信息安全策略	1	2（2）
6 信息安全组织	2	7（5＋2）[157]
7 人力资源安全	8	6（2＋3＋1）
8 资产管理	3	10（4＋3＋3）
9 访问控制	4	14（2＋6＋1＋5）
10 密码	1	2（2）
11 物理和环境安全	2	15（6＋9）

[156]　前面数字为标准的原编号。

[157]　这表示两个目标，第一个目标 5 个控制，第二个目标 2 个控制。再如，人力资源安全中，表示有 3 个目标，第一个目标 2 个控制，第二个目标 3 个控制，第三个目标 1 个控制。

表 11 - 1（续）

12 运行安全	7	14（4＋1＋1＋4＋1＋2＋1）
13 通信安全	2	7（3＋4）
14 系统获取、开发和维护	3	13（3＋9＋1）
15 供应商关系	2	5（3＋2）
16 信息安全事件管理	1	7（7）
17 业务连续性管理的信息安全方面	2	4（3＋1）
18 符合性	2	8（5＋3）

具体到每一个主要安全控制类和控制的描述结构，参考 GB/T 22081—2016 / ISO/IEC 27002：2013 中的描述，如下所述：

每一个主要安全控制类别包括[158]：

a）一个控制目标，声明要实现什么；

b）一个或多个控制，可被用于实现该控制目标。

控制的描述结构如下：

控制

为满足控制目标，给出定义特定控制的陈述。

实现指南

为支持该控制的实现并满足控制目标，提供更详细的信息。该指南可能不能完全适用或不足以在所有情况下适用，也可能不能满足组织的特定控制要求。

其他信息

提供需要考虑的进一步的信息，例如法律方面的考虑和对其他标准的参考。如无其他信息，本项将不给出。

11.1.1.2 任务分解的一个示例

注意，"控制"原则上是对技术的描述，并不能落地，落地需要是"产品"或者"制度"，在考虑任务分解时，首先要考虑背景，或者说，组织的环境（Context）[159]。因为任何组织的信息安全，都不可能是白纸一张，事实情况是，准备做规划的组织，都已经经历了多年的实践，回过头发现，缺乏规划，然后补上这一课。正源于此，现状分析是规划中非常重要的前提条件。

下面以一个控制目标为例，讲解大都银行如何将"防范恶意软件"这个目标分解至任务，从任务分解至工作，最后将工作细化至一系列的活动的过程。

---

[158] 引用自 GB/T 22081—2016 / ISO/IEC 27002：2013，4.2。

[159] Context，该词汇一般被翻译为"情境"，就是"上下文"的意思。相对而言，上下文更形象一些。

12.2 恶意软件防范

目标：确保信息和信息处理设施防范恶意软件。

12.2.1 恶意软件的控制

控制

宜实现检测、预防和恢复控制以防范恶意软件，并结合适当的用户意识教育。

实现指南

防范恶意软件宜基于恶意软件检测和修复软件、信息安全意识、适当的系统访问和变更管理控制。

一个明确的目标。

对控制的描述，实际上细化了上述目标，"防范"具体包括了"检测、预防和恢复控制"，并提出了需要"用户意识教育"。

指出了防范恶意软件包括的几个方面，是上述控制（或者说目标）的继续细化，任务分解为：1）恶意软件检测和修复软件；2）信息安全意识；3）适当的系统访问；4）变更控制。

就是说以上几个都与防范恶意软件相关，都需要考虑。后续为具体的实施指南，这不一定要形成具体任务或者工作，因为诸多要求可能一个产品就实现了。

宜考虑下列指南：

a）建立禁止使用未授权软件的正式策略（见 12.6.2、14.2）[60]；

b）实现控制（如应用程序白名单），以防止或发现未授权软件的使用；

c）实现控制（如黑名单），以防止或发现已知或可疑的恶意网站的访问；

d）建立防范风险的正式策略，该风险与来自或经由外部网络或在其他介质上获得的文件和软件相关，该策略宜说明需采取的保护措施；

e）减少可能被恶意软件利用的脆弱性，如通过技术脆弱性管理（见 12.6）[61]；

……

明确的策略要求，即建立相关的制度。

具体技术实现手段标准中并不限定，这个由大都银行自己决定。

例如，网站访问可以用防火墙实现，如果确定购买防火墙，那么就成了一项具体的工作。

策略要求，关于风险管理的，一般与其他策略整合，具体见本书的"设计安全制度"。

这是从另一个角度防范恶意软件，即减少可能被利用的脆弱性。实现途径也多样，例如，Windows Server Update Services。当然，需要针对具体系统考虑[62]。

---

[60]　12.6.2 软件安装限制；14.2 开发和支持过程中的安全；其中 12.6.2 是通用的软件控制，可能关系到每一个用户，14.2 主要是针对开发和支持过程，包括了各种变更管理。

[61]　12.6 技术方面的脆弱性管理。

[62]　此处仅做示例，如果想了解 GB/T 22081—2016 / ISO/IEC 27002：2013 的条文如何落地，请参考本丛书的《信息安全管理体系实施案例（第 2 版）》。

总之，任务分解的最后目标是可落地的一系列任务（或活动），这些任务暂时可以不考虑可行性。换句话说，在本阶段，输出的是在现有的风险状态下，大都银行理想的信息安全管控体系，当然在后续的步骤中，由于考虑投资等组织情境因素，导致诸多控制并不能付诸实施。

11.1.2　优先级分析

无论参考什么方法或者体系，在信息安全实践中，都要追求"有效益的安全"，尽量避免"为了安全而安全"，因此，优先级分析，既要考虑风险的情况，任务的紧急程度，又要考虑大都银行的投资预算情况。在本步骤中，整个的大框架实际上沿用的是风险评估和风险处置的过程，或者说，方法论沿用的是"诊断—治疗"逻辑。因此，优先级分析的根本还是对信息安全风险与投资之间的权衡。

任务优先级排序，需要厘清各任务间关联因素，考虑外部环境、资源调配、执行风险等各方面影响因素，将各项工作任务合理安排到规划的工作时间段中，以逐步落实各项任务的高效、有序、阶段性进行。对任务优先级排序可能产生的影响因素总结起来可包括：

表 11-2　工作任务优先级影响因素拆解要素描述

分类	序号	影响因素
1. 紧迫性因素	1.1	法律、监管、上市、认证等合规监管或者证明背书等迫切需要因素
	1.2	内部业务、信息化等对该安全措施或任务的依赖因素
	1.3	隐患较大，信息安全风险的严重性因素
	1.4	该任务是其他信息安全任务的先决和必要条件因素，须优先考虑
	1.5	因信息化、风控、审计等其他业务关联性、依赖性影响限制，应提前或滞后建设
	1.6	因企业管理模式、工作方式、结构/人员变动、海外因素等变革因素可能导致任务后置或提前
2. 实施难度因素	2.1	该任务投入周期长短，见效快慢因素
	2.2	人力、物力、财力等投入、分工、调配因素
	2.3	解决方案成熟度、技术成熟度影响
	2.4	内部专业团队、技术人员能力和水平因素（内部人员参与任务）
	2.5	执行力、配合度、推广难度等管理因素

任务优先级设定时可进行针对以上因素做定性分析或专家讨论，也可进行定量分析，生成影响因素矩阵图，对紧迫性高、实施难度低的任务优先进行，紧迫性低、实施难度高的滞后进行，并最终形成建设时间阶段内的任务实施蓝图。

11.2　行动路线

11.2.1　演进蓝图

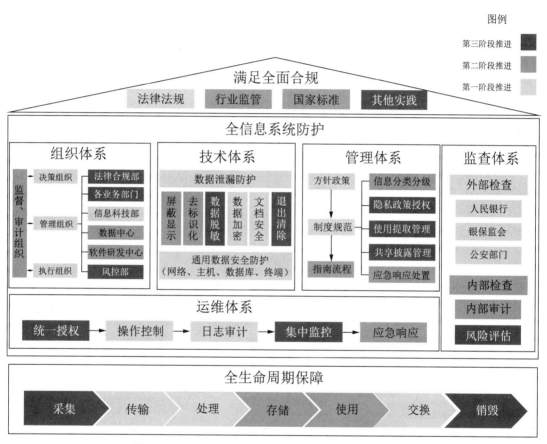

图 11‑1　信息安全体系建设实施框架蓝图（3 年规划）

　　一旦确定了任务列表，并指定了优先级，就要开始规划大致的演进蓝图。演进蓝图与具体以甘特图为基础的展示计划实际是相同的，只是表现形式不同。一般情况下，由于 IT 技术日新月异，信息安全规划的时间也建议以 3 年以内为宜，信息安全形势变化太快，需要随时进行更新与修订，过短的安全规划周期不能将复杂的安全体系建设内容覆盖，况且大量安全建设项目考虑到复杂的建设流程和推广、培训、应用等时间，在时间周期上 2 年来也不能将安全系统或者管理流程建设完善，而过长的安全规划周期则不能随时跟进新的监管要求与技术变化，只适合规划远景内容和方向，不适合具体工作任务的落实和推动。大都银行的信息安全规划也是以 3 年为一个时间段推进的。图 11‑1 是按照 3 年规划周期的一个安全蓝图示例，第一年为第一阶段，以此类推，目的是在第一年内进行安全基础设施的建设，建立安全组织框架，建立一般运维审计机制，打下信息安全体系的基础；第二年为第二阶段，完善安全体系框架，落实具体岗位和职责，进行安全技术措施强化和日常安全管理运维，达到比较完整的合规和监管要求；第三年为第三阶段，进行提升改进，建立起完整的安全生态，落实监督、考核和评审改进，对技术措施进行细节化管控和集中管理，并随时根据新的政策要求调整安全策略。

11.2.2　分年度计划

演进蓝图是从框架上区分和确认不同阶段的安全建设思路，并以内容板块的形式确定哪些工作任务需要落实和实施，但是在实际操作中，仍然需要将工作落实到实际行动中来，充分考虑任务的优先级以及结合项目、工程管理思路，制定分年度的实施计划，以甘特图的形式展现出不同具体时间段应进行的工作任务，只是任务的分解程度不同而已。

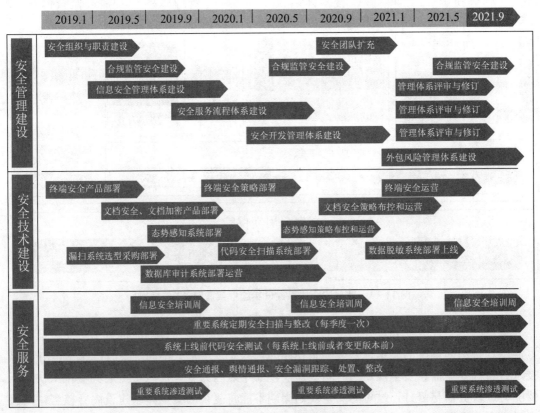

图 11-2　安全蓝图

D²CB测量阶段（Measure）

12.1 风险管理

风险管理是信息安全实践的基础手段之一，更是一种理念，应该贯穿规划过程的始终。如上文所述，风险管理是整个信息安全规划所遵循的框架之一，可能同时也是规划的内容之一。例如，首先，规划是建立在具有分析安全需求的基础之上的，而需求来自对战略、信息化的解读以及对内部安全风险和差距的分析基础之上；在制定总体安全方针、目标、愿景时，也会确定组织总体的风险态度，来确定对信息安全的重视度和投入；在规划具体的技术和管理框架时，风险也是技术措施建设、管理流程建设等的重要参考依据，甚至将风险管理设计成日常工作的一部分，比如设计信息安全风险管理的框架，确定信息安全风险评估的流程等；再者，整个蓝图设计阶段需要考虑组织所面临的主要信息安全风险，做成本效益分析。

在此处不再过多的讨论信息安全风险管理的内容，需要了解具体的框架，请参考本丛书的《信息安全风险评估（第二版）》。

12.2 实施前验证

在大都银行的信息安全规划正式落地之前，应该进行适当的验证。验证一般是指对规划的适宜性、充分性和合理性进行专家评审和论证，验证的内容应当包括：

（1）规划框架的合理性，规划逻辑的正确性；

（2）问题与风险分析的合理性；

（3）安全需求分析的充分性；

（4）安全框架的适宜性、完整性，安全措施的合理性；

（5）安全组织是否契合企业管理文化，是否能充分有效发挥各岗位能动性；

（6）各安全管理方面是否覆盖全面，是否考虑到备岗、审计、审批、权限分离、权限最小化、三权分立等安全因素；

（7）安全技术框架是否合理，是否遵循分级防护、纵深防御、技管结合等原则；

（8）优先级分析时影响因素是否分析全面，是否全面结合企业实际进行调整；

（9）投资分析是否合理，是否考虑到安全需求与建设成本的合理平衡，是否考虑到分级部署、集中管控等集成化因素对成本的降低；

（10）行动路线是否设计合理，是否充分考虑了优先级分析的论证过程。

12.3 变更管理

信息安全规划在实施过程中，可能存在一定的变更，为了适应规划落实过程中与规划相关的各种因素的变化，保证规划各任务环节、各工作节点目标的实现，应该建立严格的规程，以控制其中的变更。

在变更整体过程中，主要关注以下方面，以确保变更过程的规范性以及对规划目标的影响最小：

（1）收集变更的引发条件和影响因素，确定变更的背景和原因；

（2）判断需要解决的问题，确定变更的方向和目标；

（3）结合具体场景和需求，分解变更内容和步骤；

（4）确保变更解决了应有的风险，能达到预期的有利效果；

（5）制定变更方案，在其中明确人员职责、变更流程、操作步骤、变更风险、变更替代措施/回退方案等；

（6）对变更方案要求重要相关方进行评审；

（7）对变更方案选择合适的时机执行；

（8）实施完成后，检查确认有无问题和遗留风险，并记录和总结。

12.4 持续改进

持续改进是全面质量管理（QMS）的重要理念之一，被借鉴至所有的管理体系标准族中，其中包括与本书联系紧密的 GB/T 22080—2018 / ISO/IEC 27001：2013。在 PDCA 的戴明环中，检查（Check）与改进（Act）是作为两个步骤的，但是在大都银行的信息安全规划中，其本质是围绕"规划"，因此在本书中，将持续改进列入测量阶段。

附录 A 规范性文件目录

对大都银行而言，信息安全规范性文件分为法律、法规和技术标准等。在本书中，不再做详细的介绍，只是给出大致的目录或介绍。对于法律、法规和标准的区别，以及来源等，请参考林润辉等（2015）[⑯]。

A.1 纵向分类法：从上位法到下位法

从规范性文件的整体架构而言，是一个从上位法到下位法，从概括到具体的分类逻辑。例如，国家层面的法律，部委层面的法规，直至国家标准、行业标准。如表 A-1 到表 A-4 就是这种典型的层级。

表 A-1 国家层面法律法规要求

规范性文件	发布机构	发布时间
《中华人民共和国网络安全法》	全国人大常委会	2017
《全国人民代表大会常务委员会关于加强网络信息保护的决定》	全国人大常委会	2012

注：上述两个文件被称为"一法一决定"。

表 A-2 银行业监管政策要求

发文号	政策发文	发布时间
人民银行令〔2006〕第 123 号	中国人民银行关于进一步加强银行业金融机构信息安全保障工作的指导意见	2006
人民银行令〔2011〕第 17 号	关于银行业金融机构做好个人金融信息保护工作的通知	2011
人民银行令〔2012〕第 163 号	关于银行业金融机构信息系统安全等级保护定级指导意见的通知	2012
人民银行令〔2016〕第 66 号	关于印发《金融业机构信息管理规定》的通知	2016
银监发〔2006〕5 号	电子银行业务管理办法	2006
银监发〔2006〕9 号	《电子银行安全评估指引》	2006

---

⑯ 林润辉，李大辉，谢宗晓，王兴起. 信息安全管理理论与实践［M］. 北京：中国标准出版社，2015.

表 A-2（续）

发文号	政策发文	发布时间
银监发〔2006〕63 号	银行业金融机构信息系统风险管理指引	2006
银监会〔2009〕19 号	商业银行信息科技风险管理指引	2009
银监办发〔2010〕114 号	商业银行数据中心监管指引	2010
银监发〔2010〕44 号	银行业金融机构外包风险管理指引	2010
银监办理函〔2011〕549 号	网上银行安全风险管理指引	2011
银监发〔2011〕86 号	关于加强电子银行客户信息管理工作的通知	2011
银监发〔2011〕104 号	商业银行业务连续性监管指引	2011
银监发〔2013〕5 号	银行业金融机构信息科技外包风险监管指引	2013
银监发〔2014〕39 号	关于应用安全可控信息技术加强银行业网络安全和信息化建设的指导意见	2014
银监发〔2014〕40 号	商业银行内部控制指引	2014
银监发〔2016〕12 号	商业银行内部审计指引	2016
银监发〔2016〕44 号	银行业金融机构全面风险管理指引	2016
银监办发〔2017〕2 号	关于加强网络信息安全与客户信息保护有关事项的通知	2017
银监办发〔2017〕57 号	关于开展网络安全专项治理的通知	2017

表 A-3　银行业技术标准

标准号	政策发文	发布时间
GB 17859—1999	计算机信息系统　安全保护等级划分准则	1999
GB/T 20269—2006	信息安全技术　信息系统安全管理要求	2006
GB/T 20984—2007	信息安全风险评估规范	2007
GB/Z 20985—2007	信息安全事件管理指南	2007
GB/T 20988—2007	信息系统灾难恢复规范	2007
GB/T22239—2008	信息安全技术　信息系统安全等级保护基本要求	2008
GB/T 25070—2010	信息安全技术　信息系统等级保护安全设计技术要求	2010
GB/T 27910—2011	金融服务信息安全指南	2011
GB/T 27911—2011	银行业安全和其他金融服务金融系统的安全框架	2011
JR/T 0011—2004	银行集中式数据中心规范	2004
JR/T 0026—2006	银行业计算机信息系统雷电防护技术规范	2006
JR/T 0044—2008	银行业信息系统灾难恢复管理规范	2008
JR/T 0068—2012	网上银行系统信息安全通用规范	2012

表 A-3（续）

标准号	政策发文	发布时间
JR/T 0071—2012	金融行业信息系统信息安全等级保护实施指引	2012
JR/T 0072—2012	金融行业信息系统信息安全等级保护测评指南	2012
JR/T 0073—2012	金融行业信息安全等级保护测评服务安全指引	2012
JR/T 0095—2012	中国金融移动支付应用安全规范	2012
JR/T 0098.8—2012	中国金融移动支付检测规范第8部分：个人信息保护	2012

表 A-4　银行业国外信息安全可参考标准和规范

文号/标准号	标准发文	发布时间
巴塞尔协议	巴塞尔协议Ⅲ及其操作风险	2017
PCI-DSS	支付卡行业数据安全标准	2014
COSO	企业内部风险管理整合框架	2004
COBIT	信息和相关技术控制目标	2012
ISO 27000 系列	信息安全管理体系列标准（27000-27006）	2013
NIST SP80 系列	美国标准与技术委员会关于信息安全系列标准	
ISO 31000	风险管理标准	
GB/T 18336 系列	信息技术安全技术信息技术安全评估准则	2015

A.2　横向分类法：按照不同的事项

但是，按照上述分类，缺点也是明显的，因为不同的事项对应不同的部门，对合规来说，这种做法是可取的，对于具体落地，更合理的是按照不同的事项，因为对于具体的组织而言，一般都是按照事项确定工作岗位。

下文中，介绍了常见的标准族，其中包括：网络安全等级保护、信息安全管理体系（ISMS）、个人信息保护、隐私保护相关国际标准、通用准则（CC）及其相关标准等常见的标准族。

除此之外，在本附录中，还对几个容易混淆的标准，其中包括，等级保护与信息安全管理体系（ISMS），通用准则（CC）与信息安全管理体系（ISMS）。

A.2.1　网络安全等级保护相关标准

关于网络安全等级保护的法律法规，政策规范和技术标准，请参考中国网络安全等级保护网（http://www.djbh.net）对应的栏目。

除公安部通用的要求之外,金融企业还需要参考下面的行业标准。如表 A-5 所示。

表 A-5　与等级保护相关的金融行业标准

标准号	标准名称	主要内容
JR/T 0071—2012	金融行业信息系统信息安全等级保护实施指引	本标准依据国家《信息系统安全等级保护基本要求》和《信息系统等级保护安全设计技术要求》标准,结合金融行业特点以及信息系统安全建设需要,对金融行业的信息安全体系架构采用分区分域设计、对不同等级的应用系统进行具体要求,以保障将国家等级保护要求行业化、具体化,提高我行重要网络和信息系统信息安全防护水平
JR/T 0072—2012	金融行业信息系统信息安全等级保护测评指南	本标准规定了金融行业对信息系统安全等级保护测评评估的要求,包括对第二级信息系统、第三级信息系统和第四级信息系统进行安全测评评估的单元测评要求和信息系统整体测评要求等。根据金融行业信息系统的定级情况,不存在五级系统,而一级系统不需去公安机关备案,不作为测评重点。本标准略去对第一级信息系统和第五级信息系统进行单元测评的具体内容要求
JR/T 0073—2012	金融行业信息安全等级保护测评服务安全指引	本标准总结了金融行业应用系统多年的安全需求和业务特点,并参考国际、国内相关信息安全标准及行业标准,明确等级保护测评服务机构安全、人员安全、过程安全、测评对象安全、工具安全等方面的基本要求
JR/T 0067—2011	证券期货业信息系统安全等级保护测评要求	本标准规定了对信息系统安全等级保护状况进行安全测试评估的要求,包括对第一级信息系统、第二级信息系统、第三级信息系统和第四级信息系统进行安全测试评估的单元测评要求和信息系统整体测评要求。本标准略去对第五级信息系统进行单元测评的具体内容要求。 本标准适用于信息安全测评服务机构、运营使用单位对证券期货业信息系统安全等级保护状况进行的安全测试评估。国家信息安全监管职能部门及证券期货监管部门依法进行的信息安全等级保护监督检查可以参考使用

A.2.2　信息安全管理体系（ISMS）相关标准

（1）定义

信息安全管理体系（ISMS，Information Security Management System）并不是一个专用术语，满足其定义描述条件的应该都是。但实际情况是，由于这个术语起源于 ISO/IEC 27002 和 ISO/IEC 27001 的早期版本，属于新生词汇，其他文献中，就很少见到。所以在实践中，ISMS 几乎成了一个专用术语。因为某种产品过于普及，就成为某类行为的代名词，这是很常见的现象。由于 ISO/IEC 27000 标准族在全球范围内实施广泛，在实践中，就会有此类对话，例如：组织在做 27001，意思是说，组织在部署 ISMS，或者说，组织在根据 ISO/IEC 27001 部署信息安全。

换言之，信息安全管理体系（ISMS）是一整套的保障组织信息安全的方案（或方法），是组织管理体系的一部分，定义和指导 ISMS 的标准是 ISO/IEC 27000 标准族，而这其中，ISO/IEC 27002 和 ISO/IEC 27001 是最重要也是出现最早的 2 个标准。由于这个原因，导致这一堆词汇在实践中开始混用，而不必刻意地去区分。因此，这几个词汇都认为是同义词：

- 信息安全管理体系（ISMS）；
- ISO/IEC 27000 标准族；
- ISO/IEC 27002 或 ISO/IEC 27001 视上下文，也可能是指代 ISMS。

（2）相关国际标准的研发情况

负责开发 ISO/IEC 27000 标准族的机构为 ISO/IECJTC1 SC27[⑭]，广义的 ISO/IEC 27000 标准族包括了以 ISO/IEC27 编号的所有的标准，即 ISO/IEC 27000 至 ISO/IEC 27059，还包括了新立项的 ISO/IEC 27102 与 ISO/IEC 27103。ISO/IEC 27000 标准族最早围绕 ISO/IEC 27002 发展而来，在后续的扩散过程中，ISO/IEC 27001 起到了更基础的作用。

（3）相关国家标准的介绍

信息安全管理体系国家标准的主要研发机构为全国信息安全标准化技术委员会（TC 260)[⑯]，绝大部分标准主要等同采用或修改采用国际标准的采标形式。在上述描述的国际标准中，截至 2018 年 7 月份，已经有 11 项标准为采纳为国家标准。

1）GB/T 29246—2017《信息技术　安全技术　信息安全管理体系　概述和词汇》

该标准等同采用 ISO/IEC 27000：2016，在标准的研发顺序中，ISO/IEC 27000 是后加的标准，ISO/IEC 27000 中的词汇是从较早版本的 ISO/IEC 27002 和 ISO/IEC 27001 中剪切过来的。ISO/IEC 27000 的版本变化频繁，目前 ISO/IEC 27000：2016 已经被 ISO/IEC 27000：2018 代替。

2）GB/T 22080—2016《信息技术　安全技术　信息安全管理体系　要求》

---

⑭　https：//www.iso.org/committee/45306/x/catalogue/。

⑯　https：//www.tc260.org.cn。

该标准等同采用 ISO/IEC 27001：2013，为 ISO/IEC 27000 标准族的基础标准，应用广泛，主要定义了信息安全管理体系的要求，是认证的依据。

3）GB/T 22081—2016《信息技术　安全技术　信息安全控制实践指南》

该标准等同采用 ISO/IEC 27002：2013，为 ISO/IEC 27000 标准族的基础标准，应用广泛，给出了 14 个安全域，39 个安全目标，以及 114 项安全控制。GB/T 22081—2016 本质上是"良好实践（Good Practice）"。

4）GB/T 31496—2015《信息技术　安全技术　信息安全管理体系实施指南》

该标准等同采用 ISO/IEC27003：2010，是针对 ISO/IEC 27001：2013 的实施指南。但是 ISO/IEC 27003：2010 已经被 ISO/IEC 27003：2017 所替代，新版标准变动非常大，题目也更改为《信息技术安全技术信息安全管理体系指南》。

5）GB/T 31497—2015《信息技术　安全技术　信息安全管理　测量》

该标准等同采用 ISO/IEC 27004：2009，目前最新版为 ISO/IEC 27004：2016，变化较大，题目更改为《信息技术安全技术信息安全管理监视、测量、分析与评价》。

6）GB/T 31722—2015《信息技术　安全技术　信息安全风险管理》

该标准等同采用 ISO/IEC 27005：2011，信息安全风险管理是 ISMS 的重要手段，也是基础框架。2018 年 7 月，ISO 已经发布了最新版的 ISO/IEC 27005。

7）GB/T 25067—2016《信息技术　安全技术　信息安全管理体系审核和认证机构要求》

这是一个认可标准，更类似于行政要求，修改采用 ISO/IEC 27006：2011。

8）GB/T 28450—2012《信息安全技术　信息安全管理体系审核指南》

该标准同 ISO/IEC 27007 有一定的区别。国际标准最新版为 ISO/IEC 27007：2017，之前版本为 ISO/IEC 27007：2011，国家标准发布时间为 2012 年，因此不存在采标。

9）GB/Z 32916—2016《信息技术　安全技术　信息安全控制措施审核员指南》

该标准等同采用 ISO/IEC TR 27008：2011，是关于控制审核的技术报告，国际标准的最新状态是 ISO/IEC PDTS 27008。

10）GB/T 32920—2016《信息技术　安全技术　行业间和组织间通信的信息安全管理》

该标准等同采用 ISO/IEC 27010：2012，目前该版本已经被替代为 ISO/IEC 27010：2015。

11）GB/T 32923—2016《信息技术　安全技术　信息安全治理》

该标准等同采用 ISO/IEC 27014：2013，国际标准的最新状态为 ISO/IEC NP 27014。治理与管理概念相近，但是有不同的管理学含义。

（4）小结

如上文所述，信息安全管理体系国家标准的采标情况整体如表 A－6 所示。

表 A-6　信息安全管理体系国家标准

标准号	标准名称	对应国际标准	发布日期	实施日期	采标方式
GB/T 29246—2017	信息技术 安全技术 信息安全管理体系 概述和词汇	ISO/IEC 27000：2016	2017－12－29	2018－07－01 ☆	IDT
GB/T 22080—2016	信息技术 安全技术 信息安全管理体系 要求	ISO/IEC 27001：2013	2016－08－29	2017－03－01 ★	IDT
GB/T 22081—2016	信息技术 安全技术 信息安全控制实践指南	ISO/IEC 27002：2013	2016－08－29	2017－03－01 ★	IDT
GB/T 31496—2015	信息技术 安全技术 信息安全管理体系实施指南	ISO/IEC 27003：2010	2015－05－15	2016－01－01 ☆	
GB/T 31497—2015	信息技术 安全技术 信息安全管理 测量	ISO/IEC 27004：2009	2015－05－15	2016－01－01 ☆	IDT
GB/T 31722—2015	信息技术 安全技术 信息安全风险管理	ISO/IEC 27005：2008	2015－06－02	2016－02－01 ☆	IDT
GB/T 25067—2016	信息技术 安全技术 信息安全管理体系审核和认证机构要求	ISO/IEC 27006：2011	2016－10－13	2017－05－01	MOD
GB/T 28450—2012	信息安全技术 信息安全管理体系审核指南		2012－06－29	2012－10－01	
GB/Z 32916—2016	信息技术 安全技术 信息安全控制措施审核员指南	ISO/IEC TR27008：2011	2016－08－29	2017－03－01 △	IDT
GB/T 32920—2016	信息技术 安全技术 行业间和组织间通信的信息安全管理	ISO/IEC 27010：2012	2016－08－29	2017－03－01 ☆	IDT
GB/T 32923—2016	信息技术 安全技术 信息安全治理	ISO/IEC 27014：2013	2016－08－29	2017－03－01 △	IDT

注：IDT 标识等同采用，MOD 标识修改采用。★标识国家标准在用，且对应的国际标准版本在用；☆标识国家标准在用，但是对应的国际标准版本失效；△标识新版本开发中，但是尚未发布。

A.2.3　个人信息安全规范及其相关标准

在术语定义方面，GB/T 35273—2017《信息安全技术 个人信息安全规范》除去引用GB/T 25069—2010《信息安全技术 术语》中的定义，共定义了 14 个术语。在下文中，我们重点分析两组词汇：个人信息和个人敏感信息；匿名化和去标识化。在框架方面，GB/T 35273—2017 规范了收集、保存、使用、共享、转让、公开披露等信息处理环节，还给出了数据保护指导，例如，安全事件应急和组织管理要求等。

（1）个人信息和个人敏感信息

个人信息和个人敏感信息是本标准中最重要的两个基础词汇，在标准的附录 A 和附录

B 中分别给出了示例。

个人信息是指以电子或其他方式记录的能够单独或者与其他信息结合识别特定自然人身份或者反应特定自然人活动的各种信息。

从定义中可以看出，个人信息与存储介质无关，标准中认为判定某项信息是否属于个人信息存在两种情况：一是从信息是否能够识别到特定自然人，或者有助于识别出特定自然人；二是已知的特定自然人在其活动中关联出的信息。由于"有助于识别出特定自然人"也属于个人信息的范畴，这表明个人信息是很宽泛的概念。

个人敏感信息是指一旦泄露、非法提供或滥用可能危害人身和财产安全，极易导致个人名誉、身心健康受到损害或歧视性待遇等的个人信息。通常情况下，14 岁以下（含）儿童的个人信息和自然人的隐私信息属于个人敏感信息。

个人敏感信息是个人信息的一部分，在标准附录 B 给出的示例中，个人财产信息、个人健康生理信息、个人生物识别信息、个人身份信息、网络身份标识信息和其他形如性取向和婚史等信息，既作为个人信息的示例，又作为个人敏感信息的示例。

这其中又涉及另一个概念，隐私。在本标准中，没有单独定义隐私，但是"自然人的隐私信息属于个人敏感信息"，这说明隐私是个人敏感信息的一部分。因此，个人信息、个人敏感信息和隐私三者关系如图 A-1 所示。

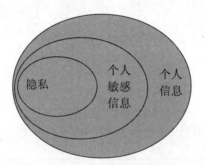

图 A-1　个人信息、个人敏感信息和隐私

（2）匿名化和去标识化

匿名化和去标识化是保护个人信息最重要的两种技术处理手段。

匿名化是指通过个人信息的技术处理，使得个人信息主体无法被识别，且处理后的信息不能被复原的过程。

用到个人信息的诸多场景并不能避免，因此只能通过技术处理来解决这个问题。匿名化是最常见的手段之一，例如，在社会科学研究中，尤其是敏感问题调查中，一般都是匿名化处理的。

标准中还有一个非常重要的注解，个人信息经过匿名化处理后所得的信息不属于个人信息。这点很重要，可见，科研过程中用到的匿名信息不属于个人信息的范畴。

去标识化是指通过对个人信息的技术处理，使其在不借助额外信息的情况下，无法识别个人信息主体的过程。

去标识化是更复杂的技术处理手段，例如，通过假名、加密、哈希函数等手段替代个人信息的标识。由于相对复杂，因此目前有正在征求意见稿阶段的《信息安全技术个人信息去标识化指南》，更多信息，可以关注该标准。

（3）框架和主要内容

GB/T 35273—2017 正文共 10 章，另有 4 个资料性附录。

正文前 3 章说明了范围、规范性引用文件、术语和定义。

第 4 章提出了个人信息安全的基本原则，即权责一致原则、目的明确原则、最少够用原则、公开透明原则和确保安全原则。类似的原则在 GB/Z 28828—2012《信息安全技术公共及商用服务信息系统个人信息保护指南》中也出现过。

第 5 章至第 7 章，按照个人信息生命周期从个人信息的收集、存储和使用三个方面提出要求。值得指出的是，在个人信息收集章节中，有隐私政策的相关内容，如上文所述，本标准中并没有定义隐私。

第 8 章提出个人信息的委托处理、共享、转让、公开披露的要求，其中包括了个人信息跨境传输要求，但是未做详细要求，另见他文。

第 9 章提出了个人信息安全事件处置的要求，这个流程与通用的信息安全事件管理基本保持了一致，但是需要逐一告知个人信息主体。

第 10 章提出组织的管理要求。这部分要求主要来自现有的信息安全"良好实践（Good Practice）"，例如包括了责任分配、影响评估和安全审计等内容。

（4）与其他规范的兼容性

GB/T 35273—2017 与现有的法律法规和标准保持了一致，目录及其简要分析如表 A-7 所示。

表 A-7　GB/T 35273—2017 与其他规范的兼容性

标准的主要依据 （上位法）	《中华人民共和国网络安全法》《全国人民代表大会常务委员会关于加强网络信息保护的决定》"一法一决定"是网络安全领域最基础的立法文件，是个人信息保护的主要依据。
参考的国际标准	ISO/IEC 29100：2011 Privacy framework[16]（隐私框架）；ISO/IEC 29101：2013Privacy architecture framework（隐私体系架构）；ISO/IEC JTC 1/SC 27/WG 5 为 Identity management and privacy technologies（身份管理与隐私技术），发布有诸多标准。

---

[16] ISO/IEC 29100：2011 在 2017 年被评审并确认，该版本依然有效，可以免费下载全文，https://www.iso.org/standard/45123.html。

表 A-7（续）

参考区域性规范	OECD Privacy Framework 2013⑯（OECD 隐私框架）；APEC Privacy Framework 2005⑱（APEC 隐私框架）；EU-U. S. Privacy Shield Framework 2016⑲（欧盟-美国隐私盾框架）；EU General Data Protection Regulation（GDPR）2015⑰（欧盟通用数据保护法）。
参考的国外标准	NIST SP800-53 Security and Privacy Controls for Federal information Systems and Organizations（联邦信息系统与组织安全与隐私控制）；NIST SP800-122 Guide to Protecting the Confidentiality of Personally Identifiable Information（PII）（个人识别信息机密性保护指引）。
参考的国家标准	GB/Z 28828—2012《公共商用服务信息系统个人信息保护指南》GB/T 32921—2016《信息安全技术　信息技术产品供应方行为安全准则》；GB/T 37988—2019《信息安全技术　数据安全能力成熟度模型》；GB/T 37964—2019《信息安全技术　个人信息去标识化指南》
后续的相关标准	信息系统个人信息保护技术要求；信息系统个人信息保护管理要求；信息系统个人信息保护测评要求。（以上标准均尚未发布）
细分领域的拓展（下位法）	中国银监会办公厅关于加强网络信息安全与客户信息保护有关事项的通知（银监办发〔2017〕2 号）；《银行业金融机构数据治理指引（征求意见稿）》。

（5）小结

GB/T 35273—2017《信息安全技术　个人信息安全规范》规范了个人信息控制者在收集、保存、使用、共享、转让、公开披露等信息处理环节的相关行为，对于遏制个人信息法非法收集、滥用、泄露等乱象，最大程度的保障个人的合法权益和社会公共利益，必将起到积极的作用。本标准在 2018 年 5 月 1 日正式开始实施，这意味着，个人信息保护虽然尚未进入"有法可依"的时代，但确实已经进入了"有章可循"的阶段。

A. 2. 4　云计算安全及其相关标准

（1）云计算时代及其安全

云计算已经成为互联网时代的主流计算模式，同时，其带来的安全问题日趋重要和紧迫。

到目前为止，信息技术大致经历了通信时代、单机时代、计算机网络时代和云计算时

---

⑯　下载地址：http://www.oecd.org/internet/ieconomy/privacy-guidelines.htm。

⑱　下载地址：https://www.apec.org/Publications/2005/12/APEC-Privacy-Framework。

⑲　下载地址：https://www.privacyshield.gov/EU-US-Framework。

⑰　2015 年为最后版本发布时间，2016 年为批准时间，实施日期为 2018 年 5 月 25 日，下载地址：https://www.eugdpr.org/eugdpr.org.html。

代。伴随着这个过程，安全的关注点也随之变化。信息技术发展与主要安全关注点，如图A－2所示。

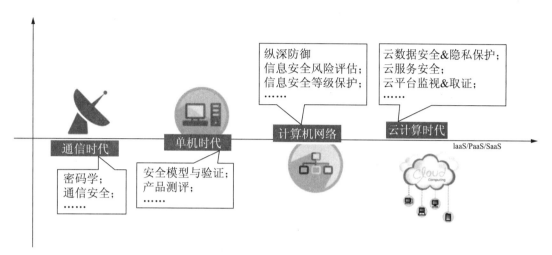

图 A－2　信息技术发展与主要安全关注点

本节主要对国内外云计算相关标准，以及国内金融行业云计算标准进行了综述。

（2）国家标准的开发进展

1）GB/T 31167—2014《信息安全技术　云计算服务安全指南》

GB/T 31167—2014 是指导政府部门采用云计算服务，选择云服务商，对云计算服务进行运行监管，退出云计算服务和更换云服务商安全风险提出的安全技术和管理措施。

GB/T 31167—2014 正文共 9 章。正文前 3 章说明了范围、规范性引用文件、术语和定义。第 4 章对云计算的主要特征、服务模式、部署模式和优势进行了概述。第 5 章提出云计算带来的信息安全风险。第 6 章提出了规划准备的要求。第 7 章提出了选择服务商与部署的要求。第 8 章提出了运行监管的要求。第 9 章提出了退出服务的要求。

2）GB/T 31168—2014《信息安全技术　云计算服务安全能力要求》

GB/T 31168—2014 描述了以社会化方式为特定客户提供云计算服务时，云服务商应具备的安全技术能力。适用于政府部门、重点行业和其他企事业单位使用云计算服务时参考，指导云服务商建设云计算平台和提供安全的云计算服务。

GB/T 31168—2014 正文共 14 章。正文前 3 章说明了范围、规范性引用文件、术语和定义。第 4 章对本标准做了概述。第 5 章提出了系统开发与供应链安全的 17 个主要安全要求。第 6 章提出了系统与通信保护的 15 个要求。第 7 章提出了访问控制的 26 个要求。第 8 章提出了配置管理的 7 个要求。第 9 章提出了维护的 9 个要求。第 10 章提出了应急响应与灾备的 13 个要求。第 11 章提出了审计的 11 个要求。第 12 章提出了风险评估与持续监控的 6 个要求。第 13 章提出了安全组织与人员的 12 个要求。第 14 章提出了物理与环境安全的 15 个要求。第 5 至 14 章的安全要求均划分为一般要求和增强要求。附录给出了系统安全计划模板。

3）GB/T 34942—2017《信息安全技术　云计算服务安全能力评估方法》

GB/T 34942—2017 指导政府部门、重点行业和其他企业使用的云计算服务安全管理，规定了依据 GB/T 31168—2014 开展评估的原则、实施过程以及针对各项具体安全要求进行评估的方法，共包括 14 章，主要内容包括以下方面的评估方法：系统开发与供应链安全、系统与通信保护、访问控制、配置管理、维护、应急响应与灾备、审计、风险评估与持续监控、安全组织与人员、物理与环境安全。

本标准主要用于第三方评估机构对云服务商提供云计算服务时具备的安全能力进行评估，云服务商在对自身云计算安全能力时也可参考。

4）GB/T 35279—2017《信息安全技术　云计算安全参考架构》

GB/T 35279—2017 是为清晰地描述云服务中各种参与角色的安全责任，构建的云计算安全参考架构，提出云计算角色、角色安全责任、安全功能组件以及它们之间的关系。主要用于指导所有云计算参与者进行云计算系统规划时对安全的评估与设计，共有 5 个章节和 1 个资料性附录。

5）GB/T 22239—2019《信息安全技术　信息系统安全等级保护基本要求》

本标准是针对移动互联、云计算、大数据、物联网和工业控制等新技术、新应用领域提出的扩展安全要求。包括六个部分，第 2 部分是云计算安全扩展要求。这个标准用于指导分等级的非涉密云计算平台的安全建设和监督管理，共有 9 章和 4 个资料性附录。

6）GB/T 38249—2019《信息安全技术政府网站云计算服务安全指南》

《信息安全技术政府网站云计算服务安全指南》是指导政府和规范政府网站采用云计算服务的工作流程，以及规定的安全技术和管理措施。在政府部门采用云计算服务的应用前景下，针对政府网站采用云计算服务所面临的安全风险，明确安全目标，制定了政府部门采用云计算服务所涉及的角色、角色职责、技术要求，包括规划准备、部署迁移、运行管理、退出服务方面的要求，以指导和规范政府部门采用云计算服务，共有 9 章和 1 个资料性附录。

7）JR/T 0167—2018《云计算技术金融应用规范安全技术要求》

《云计算技术金融应用规范安全技术要求》是金融行业标准，在征求意见阶段。

8）JR/T 0168—2018《云计算技术金融应用规范容灾》

《云计算技术金融应用规范容灾》是金融行业标准，在征求意见阶段。

上述 8 个标准情况见表 A-8。

表 A-8　国家标准及其主要内容一览

序号	标准编号及名称	备注
1	GB/T 31167—2014《信息安全技术　云计算服务安全指南》	
2	GB/T 31168—2014《信息安全技术　云计算服务安全能力要求》	

表 A-8（续）

序号	标准编号及名称	备注
3	GB/T 34942—2017《信息安全技术　云计算服务安全能力评估方法》	
4	GB/T 35279—2017《信息安全技术　云计算安全参考架构》	
5	GB/T 22239—2019《信息安全技术　信息系统　安全等级保护基本要求》	
6	GB/T 38249—2019《信息安全技术　政府网站云计算服务安全指南》	
7	JR/T 0167—2018《云计算技术金融应用规范　安全技术要求》	金融行业标准
8	JR/T 0168—2018《云计算技术金融应用规范　容灾》	金融行业标准

（3）国际标准的开发进展

国际标准化组织中，开发云计算相关标准的机构为：ISO/IEC JTC 1/SC 38 Cloud Computing and Distributed Platforms（云计算与分布式平台），目前发布标准 13 项，在研标准 8 项[⑰]。

1）ISO/IEC 17788：2014《云计算综述和术语》

ISO/IEC 17788：2014 提供了云计算相关的属于和定义集综述，共包括 6 章和一个附录。第 1 至 6 章说明了范围、规范性引用文件、术语定义、缩写、约定惯例、云服务综述。附录给出了云服务目录和能力类型。

2）ISO/IEC 17789：2014《云计算——参考架构》

ISO/IEC 17789：2014 定义了云计算参考体系结构（CCRA）。参考体系结构包括云计算角色、云计算活动和云计算功能组件及其关系。

3）ISO/IEC 19086-1：2016《云计算服务水平协议框架综述与概念》

ISO/IEC 19086 基于 ISO/IEC 17788 和 ISO/IEC 17789 定义的云计算概念。该文件建立了一个共同的框架，帮助组织理解 ISO/IEC 19086 的所有部分的目的以及这些部分之间的关系。它还确定了与 ISO/IEC 19086 有关系的其他文档，这在理解云服务水平协议方面很有用。

4）ISO/IEC 19086-3：2017《云计算服务水平协议框架核心一致性需求》

ISO/IEC 19086-3：2017 该文档定义了基于 ISO/IEC 19086-1：2016 的云服务水平协议的核心一致性需求，以及对核心一致性需求的指导。该文档是为云服务提供商和云服务客户使用和使用的。

5）ISO/IEC 19941：2017 ISO/IEC 19941：2017《云计算互操作性和可移植性》

ISO/IEC 19941：2017 详细说明了云计算互操作性和可移植性的类型、云计算的这两个交叉方面的关系和交互，以及用于讨论互操作性和可移植性的常用术语和概念，特别是与云服务相关的概念。该文档的目的是确保云计算的所有参与方对互操作性和可移植性有

---

⑰　检索时间为 2018 年 5 月 9 日。

共同的理解。通过建立通用的术语和概念，这种共识有助于实现云计算的互操作性和可移植性。

6）ISO/IEC 19944：2017《云计算云服务和设备：数据流，数据目录和数据使用》

ISO/IEC 19944：2017 扩展了 ISO/IEC 17788 和 ISO/IEC 17789 的现有云计算词汇和参考体系结构，以描述使用云服务的设备的生态系统。

7）ISO/IEC 27017：2015 / ITU－T X.1631《基于 ISO/IEC 27002 的云服务信息安全实用规则》

ISO/IEC 27017：2015 / ITU－T X.1631 提供了适用于提供和使用云服务的信息安全控制指南，提供了 ISO/IEC 27002 规定的相关控制的附加实施指南；提供了与云服务相关的实施指南的附加控制措施。这个标准按照 ISO/IEC 27002 的 14 个控制域为云服务提供商和云服务客户提供了控制和实施指南。

8）ISO/IEC 27018：2014《保护个人可识别信息（PII）在公共云中作为 PII 处理器的实用规则》

ISO/IEC 27018：2014 建立了普遍接受的控制目标、控制和指导方针，以实施保护个人可识别信息（PII）的措施，以确保公共云计算环境的 ISO/IEC 29100 的隐私原则。ISO/IEC 27018：2014 规定了基于 ISO/IEC 27002 的准则，考虑到在公共云服务提供商的信息安全风险环境中可能适用的保护 PII 的监管要求。

9）ISO/IEC 27036－4：2016《云服务安全指南》

ISO/IEC 27036－4：2016 提供了云服务客户和云服务提供商的指导。使用这个标准可了解与使用云服务相关的信息安全风险，并有效地管理这些风险。针对可能对使用这些服务的组织产生信息安全影响的云服务获取或提供的特定风险做出响应。

表 A－9　国际标准及其主要内容一览

序号	标准编号及名称	备注
1	ISO/IEC 17788：2014 Cloud computing—Overview and vocabulary	较为基础的标准
2	ISO/IEC 17789：2014 Cloud computing—Reference architecture	也较为基础
3	ISO/IEC 19086－1：2016 Cloud computing—Service level agreement（SLA）framework—Part 1：Overview and concepts	服务水平协议系列
4	ISO/IEC 19086－3：2017 Cloud computing—Service level agreement（SLA）framework—Part 3：Core conformance requirements	
5	ISO/IEC 19941：2017 Cloud computing—Interoperability and portability	
6	ISO/IEC 19944：2017 Cloud computing—Cloud services and devices：Data flow，data categories and data use	

表 A-9（续）

序号	标准编号及名称	备注
7	ISO/IEC 27017：2015 / ITU-T X.1631 Code of practice for information security controls based on ISO/IEC 27002 for cloud services	下面为 ISO/IEC JTC 1/SC 27 发布。
8	ISO/IEC 27018：2014 Code of practice for protection of Personally Identifiable Information（PII）in public clouds acting as PII processors	Code of practice 译为"实用规则"
9	ISO/IEC 27036-4：2016 Guidelines for security of cloud services	

（4）重要团体发布的标准或报告

CSA（Cloud Security Alliance，云安全联盟）[⑫] 可能是目前最有影响力云计算安全开发组织，成立于 2008 年 11 月，自 2015 年开始，在国内开始 C-STAR 认证。

CSA 发布了一系列相关报告或指南，其中较为重要的例如，《云计算关键领域安全指南》。2017 年 7 月，CSA 发布了《云计算关键领域安全指南》4.0 版本，从架构、治理和运行三个方面 14 个领域对云计算安全进行指导。

（5）小结

随着云计算的应用全面渗透到各行业、各机构转型变革的过程中，国内外、重要行业的标准开发已从术语定义、体系架构、治理和风险管理、法律问题、取证、合规和审计、基础设施安全、业务连续性、身份、授权和管理等各个维度为云服务客户、用户、管理者、提供者、支配者、开发者、审计者、代理者、承运者提供了指导。各行业、各机构云计算应用部门需结合行业属性，参照国家政策要求、国家、行业、国际标准制定云计算行业标准，规范服务商准入、风险评估，用户使用管理等标准，明确行业云平台技术模式，制定数据隔离和保护机制等云计算安全保护框架，以更好地规范云计算从虚拟化到基础设施云化，再到应用云化的不断持续深入应用。

A.2.5　隐私保护方面的国际标准

（1）隐私的定义与范围

在 GB/T 35273—2017《信息安全技术　个人信息安全规范》中没有专门定义"隐私"，但是在其附录 B：个人敏感信息判定，章节中提出：通常情况下，14 岁以下（含）儿童的个人信息和自然人隐私信息属于个人敏感信息。可见，隐私信息作为个人敏感信息的子集处理。个人敏感信息的定义为：

一旦泄露、非法提供或滥用可能危害人身和财产安全，极易导致个人名誉、身心健康受到损害或歧视性待遇等的个人信息。

注1：个人敏感信息包括身份证号码、个人生物识别信息、银行账号、通信记录和内

---

⑫　https：//cloudsecurityalliance.org/。

容、财产信息、征信信息、行踪轨迹、住宿信息、健康生理信息、交易信息、14 岁以下（含）儿童的个人信息等。

在 ISO/IEC 29100：2011 等国际标准中，实际也没有给出"隐私"的准确定义，主要定义的是个人识别信息（Personally Identifiable Information，PII）。但其中有相关定义，例如，隐私违反，隐私控制和隐私策略等。

此外，在 ISO/TS 14441：2013 和 ISO/TR 18638：2017 等标准中定义了"信息隐私（information privacy）"，在 ISO/TS 19299：2015 和 ISO/TS 21719‐2：2018 等标准中，将同样的概念定义为"数据隐私（data privacy）"，但这些定义都是在各自的应用情境（context）中，不是非常通用。

遵循上述惯例，在本节的讨论中，也不再严格区别个人敏感信息，PII 和隐私等几个较为接近的概念。

（2）ISO/IEC JTC 1/SC 27 发布的相关标准

ISO/IEC JTC 1/SC 27（IT Security techniques，IT 安全技术）主要负责安全技术标准的开发，截至 2018 年 10 月，发布的隐私保护相关标准如表 A‐10 所示。

表 A‐10　ISO/IEC JTC 1/SC 27 发布的隐私保护标准

序号	标准编号	标准名称
1	ISO/IEC 29100：2011	隐私框架 Information technology—Security techniques—Privacy framework
2	ISO/IEC 29100：2011/Amd 1：2018	同上
3	ISO/IEC 29101：2013	隐私架构框架 Information technology—Security techniques—Privacy architecture framework
4	ISO/IEC 29134：2017	隐私影响评估指南 Information technology—Security techniques—Guidelines for privacy impact assessment
5	ISO/IEC 29190：2015	隐私能力评估模型 Information technology—Security techniques—Privacy capability assessment model
6	ISO/IEC 27018：2014	公有云中处理的个人识别信息保护实用规则 Information technology—Security techniques—Code of practice for protecti-on of personally identifiable information（PII）in public clouds acting as PII processors

ISO/IEC 29100：2011 给出了一个隐私保护的框架，主要的步骤包括：识别 PII，隐私防护的要求，隐私策略和隐私控制的确定。该标准的附录 A 对于隐私的词汇和 ISO/IEC27000 标准族的词汇进行了对应。由于隐私保护和信息安全存在太多的交叉，因此在 ISO/IEC 29100：2011 中，关于隐私控制并没有展开，但是标准的第 5 章：ISO/IEC 29100

的隐私原则，讨论得比较细致，也比较有指导意义。ISO/IEC 29100 在 2017 年经过评审后依然有效，目前有 ISO/IEC 29100：2011/Amd 1：2018 可用。

ISO/IEC 29101：2013 为信息系统中的 PII 处理提供了技术索引，该标准的框架沿用了 ISO/IEC/IEEE 42010（系统与软件工程架构描述）。该标准的第 6 章描述了一个 PII 处理的生命周期，包括：收集、传输、应用、存储和销毁。第 8 章中，将架构视角（architectural views）又分为三个视角：组件视角（component view）、角色视角（actor view）和交互视角（interaction view）。其中组件视角的分层及其中的控制比较有价值。

ISO/IEC 29134：2017 描述了一个隐私影响评估（Privacy Impact Assessment，PIA）过程，以及如何准备 PIA 报告。该标准中的 PIA 过程与 ISO/IEC 27005 中的信息安全风险评估过程存在诸多类似，其中词汇也大多直接应用 ISO/IEC 27000 标准族。

ISO/IEC 29190：2015 为组织如何评估隐私相关过程的管理能力提供了指导，该标准与过程评估标准比较相关，例如，ISO/IEC 33001：2015（信息技术过程评估概念和术语）和 ISO/IEC 33020：2015（信息技术过程评估评估过程能力的过程测量框架）。

ISO/IEC 27018：2014 沿用了 ISO/IEC 29100 的框架和原则，为公有云计算环境中的 PII 保护提供了通用的控制目标，控制和实施指南。显然，该标准基于 ISO/IEC 27002[⑰]，可以列入 ISO/IEC 27000 标准族系列。最新的版本为 ISO/IEC FDIS 27018。

（3）其他相关的国际标准

隐私信息与普通的信息比较，具有一定的特殊性，例如，所有的隐私信息都应该进行严格的保护，而没有必要考虑分级，这使得其他可能涉及隐私信息的行业或其相关的信息系统都需要考虑该问题。表 A‑11 中，列出了一些比较典型的考虑隐私方面的其他领域，例如，金融、医疗和教育等，对于隐私保护方面的特殊要求。表 A‑10 中所列标准，仅为示例，更多的标准需要根据行业或应用领域查阅。

表 A‑11 其他相关的隐私保护国际标准

序号	编号	标题
1	ISO 22307：2008	Financial services—Privacy impact assessment 隐私影响评估
2	ISO/IEC 29187‑1：2013	Information technology—Identification of privacy protection requirements pertaining to learning, education and training（LET）—Part 1: Framework and reference model 与 LET 有关的隐私保护要求识别第 1 部分：框架与参考模型

---

⑰ 目前，已经发布了很多在不同领域中应用 ISO/IEC27002 的标准，例如，ISO/IEC 27011：2016 Information technology—Security techniques—Code of practice for Information security controls based on ISO/IEC 27002 for telecommunications organizations 基于 ISO/IEC 27002 的电信组织信息安全控制实用规则，ISO/IEC 27017：2015 Information technology—Security techniques—Code of practice for information security controls based on ISO/IEC 27002 for cloud services 基于 ISO/IEC 27002 的云服务信息安全控制实用规则。

表 A - 11（续）

序号	编号	标题
3	ISO/TS 14441：2013	Health informatics—Security and privacy requirements of EHR systems for use in conformity assessment EHR 系统安全与隐私要求
4	ISO/TR 18638：2017	Health informatics—Guidance on health information privacy education in healthcare organizations 医疗机构健康信息隐私教育指南

ISO 22307：2008 是由 ISO/TC 68/SC 9（Information exchange for financial services，金融服务信息交换）发布。在经过 2012 年评审之后依然有效。ISO 22307：2008 描述了通用的 PIA 活动，但是并没有给出完整的评估流程，在评估章节（5.3.2）中，只是提出了 PIA 评估的要求。附录中的问卷与金融机构结合比较紧密，但正文中的描述，更多的是针对通用的 PIA 要求。

ISO/IEC 29187‑1：2013 是由 ISO/IEC JTC 1/SC 36（Information technology for learning，education and training，IT 学习、教育和培训）发布。该标准的描述非常细致，对于 person 和 individual 等诸如此类的词汇都进行了辨析，而且规范性引用文件和参考文献的标识也非常详细，对于了解隐私保护而言，ISO/IEC 29187‑1：2013 非常有用。

ISO/TS 14441：2013 和 ISO/TR 18638：2017 均由 ISO/TC 215（Health informatics，健康信息学）发布。由于个人健康信息属于重要的隐私，因此 ISO/TC 215 发布的关于隐私保护的标准特别多，也更细致。例如，ISO/TS 17975：2015[14] 专门针对个人健康信息的收集、使用和公开的环节。ISO/TS 14441：2013 在第 5 章中提出了 82 项安全与隐私要求，在第 6 章中则给出了建立与维护符合性评估程序的最佳实践与指南。ISO/TS 14441：2013 与 ISO/IEC 15408 都保持了一致性。该标准在 2017 年经过评审，版本依然有效。ISO/TR 18638：2017 主要适用于为医疗机构进行信息隐私保护教育的单位，该标准中讨论了相关定义、医疗机构的信息与保护实践所面临的挑战以及信息隐私保护教育规划的要点。

（4）小结

本节中介绍了 ISO/IEC JTC 1/SC 27 发布的隐私保护相关标准，同时也对于其他领域中关于隐私保护的标准选择性地进行了介绍，从中可以看出信息安全与隐私保护存在诸多共同点，例如，ISO/TS 14441：2013 在其中统称为"安全与隐私要求"，而且关于隐私保护的标准大多都参考了 ISO/IEC 27002，其次，通用的信息安全强调信息的机密性、完整性和可用性，在不同的子领域强调不同的重点，例如，隐私保护更注重"机密性"，关键信息基础设施保护（Critical Information Infrastructures Protection，CIIP）则更关注"可

---

⑭ ISO/TS 17975：2015Health informatics—Principles and data requirements for consent in the Collection，Use or Disclosure of personal health information，健康信息学收集、使用或公开个人健康信息的同意原则和数据要求，该标准与 ISO 27799：2008（Health informatics — Information security management in health using ISO/IEC 27002，应用 ISO/IEC 27002 的健康领域信息安全管理）保持了一致性，ISO 27799 的最新版本为 2016 版。

用性"。

A.2.6 产品测评通用准则（CC）相关标准

（1）发展过程

通用准则（Common Criteria，CC）是国际上通用的 IT 产品安全测评标准，最早来源于 TCSEC（Trusted Computer System Evaluation Criteria）。TCSEC 常被称为"橘皮书"或 DoDD 5200.28‑STD，1985 年，作为彩虹系列（Rainbow Series）出版物的一部分，以美国国防部（Department of Defense，DoD）标准的形式发布。ITSec（Information Technology Security Evaluation Criteria）发布于 1990 年，是英国、法国、德国和荷兰四国共同开发的标准，大量参考了 TCSEC。之后各国开始陆续开发此类标准，例如，1993 年，加拿大发布了 CTCPEC（Canadian Trusted Computer Product Evaluation Criteria）。

直到 1996 年，以上国家或机构联合在一起，开发了一个共同的标准，命名为：信息技术安全评估通用准则（Common Criteria for Information Technology Security Evaluation），即为最早版本的 CC v1.0。1999 年，基于 CC v2.0 版本的标准 ISO/IEC 15408 正式发布，该版本的标准是在评估中被广泛使用的第一个 CC 标准。2012 年，CC v3.1 版本在对 CC v2.3 版本更新后正式发布。CCv3.1 共包括三部分，第 1 部分是"简介和一般模型"，第 2 部分是"安全功能组件"，第 3 部分是"安全保障组件"。

（2）相关国际标准的研发情况

除了最重要的 ISO/IEC 15408，与 CC 相关的提供安全评估技术和方法的国际标准如下：

1）ISO/IEC 18045：2008《信息技术安全技术 IT 安全评估方法》

ISO/IEC 18045：2008 是 ISO/IEC 15408 的配套文件，ISO/IEC 18045：2008 使用 ISO/IEC 15408 中定义的标准和评价证据，定义了评估者为进行 ISO/IEC 15408 评估而需要执行的最基本的操作。

2）ISO/IEC TR 15446：2017《信息技术安全技术保护轮廓和安全目标制定指南》

ISO/IEC TR 15446 提供了与保护轮廓文件（PPs）和安全目标（STs）相关的指导，这些目标符合 ISO/IEC 15408 第三版（所有部分），它也适用于符合通用标准 3.1 修订的 PPs 和 STs，由参与 IT 安全评估和认证的政府组织联盟共同标准管理委员会（Common Criteria Management Board）发布。ISO/IEC TR 15446 不处理 PP 和 ST 规范之外的相关任务，比如 PP 注册和保护知识产权的处理。

3）ISO/IEC 17825：2016《信息技术安全技术针对密码模块的非入侵攻击类的测试方法》

ISO/IEC 17825：2016 规定了非侵入性攻击缓解测试指标，用于确定符合 ISO/IEC 19790 中关于安全级别 3 和 4 的要求。测试度量与 ISO/IEC 19790 中指定的安全功能相关联。

4）ISO/IEC 18367：2016《密码算法和安全机制符合性测试》

ISO/IEC 18367：2016 给出了密码算法和安全机制一致性测试方法的指南。一致性测试确保密码算法或安全机制在硬件、软件或固件中实现都是正确的，它还确认其在特定的操作环境中正确运行。测试可以包括已知答案或蒙特卡罗测试，或者是测试方法的组合。测试可以在实际环境中执行，也可以在模拟环境中建模。ISO/IEC 18367：2016 不包含算法或安全机制的效率或性能测试。

5）ISO/IEC 20004：2015《信息技术安全技术基于 ISO/ IEC 15408 和 ISO/ IEC18045 细化软件漏洞分析》

ISO/IEC TR 20004：2015 改进了 ISO/IEC 18045 中定义的 AVA- VAN 保证族的活动并对识别、选择和评估相关潜在漏洞提供更具体的指导，以便对软件评估目标进行基于 ISO/ IEC 15408 的评估。本技术报告利用公开的信息安全资源支持确定 ISO/IEC 18045 漏洞分析活动范围和实现方法。技术报告目前使用公共弱点枚举（CWE）和公共攻击模式枚举和分类（CAPEC），但不排除使用任何其他适当的资源。此外，本技术报告没有讨论所有可能的漏洞分析方法，包括在 ISO/IEC 18045 中概述的活动范围之外的方法。ISO/IEC TR 20004：2015 没有为某些高保证的 ISO/IEC 15408 组件定义评估者的行为。

6）ISO/IEC 19790：2012《信息技术安全技术密码模块的安全需求》

ISO/IEC 19790：2012 提出了在计算机和电信系统中保护敏感信息的安全系统中使用密码模块的安全要求。本标准定义了四个安全级别的密码模块以覆盖范围更广的数据敏感性（如，低价值管理数据，百万美元资金转移，生活保护数据，个人身份信息和政府使用的敏感信息）和应用程序环境的多样性（如，保护设施、办公室、可移动媒体和一个完全不受保护的位置）。这个标准为 11 个需求区域中的每个区域指定了 4 个安全级别，每个安全级别在上一个级别上增加了安全性。

ISO / IEC 19790：2012 定义安全需求旨在维护提供的安全加密模块的安全性，符合本国际标准不足以确保是安全的，但不确保一个特定的模块或信息所有者保护的信息提供的安全保障是足够的和可接受的。

7）ISO/IEC 19896《IT 安全技术信息安全测试人员和评估人员的能力需求》

第 1 部分为 ISO/ IEC 19896‐1：2018 定义了术语，并建立了一套体系化的概念和关系，以理解信息安全保证一致性测试和评估专家的能力要求，从而为在其用户中对 ISO/ IEC 19896 系列的概念和原则的统一理解奠定了基础。第 2 部分 ISO/IEC 19790 测试人员的知识、技能和有效性要求，正在开发中。第 3 部分 ISO/IEC 15408 评估人员的知识、技能和有效性要求，正在开发中。

8）ISO/IEC 19989《生物特征系统安全评价的标准和方法》

本标准包括三个部分，均在开发中，第 1 部分框架，在委员会草案阶段；第 2 部分生物特征识别性能，在准备阶段；第 3 部分生物识别演示攻击检测，在准备阶段。

（3）相关国家标准的介绍

安全产品评估国家标准的主要研发机构为全国信息安全标准化技术委员会（TC260）[⑯]，绝大部分标准主要等同采用或非等效采用国际标准的采标形式。在上述描述的国际标准中，截至 2018 年 7 月，已经有 7 项标准为采纳为国家标准。

［1］GB/T 18336.1—2015《信息技术 安全技术　信息技术安全评估准则 第 1 部分：简介和一般模型》，该标准等同采用 ISO/IEC 15408‑1：2009。

［2］GB/T 18336.2—2015《信息技术 安全技术　信息技术安全评估准则 第 2 部分：安全功能组件》，该标准等同采用 ISO/IEC 15408‑2：2008。

［3］GB/T 18336.3—2015《信息技术 安全技术　信息技术安全评估准则 第 3 部分：安全保障组件》，该标准等同采用 ISO/IEC 15408‑3：2008。

［4］GB/T 30270—2013《信息技术 安全技术　信息技术安全性评估方法》，该标准采用翻译法，等同采用国际标准 ISO/IEC18045：2005《信息技术安全技术信息技术安全性评估方法》。

［5］GB/Z 20283—2006《信息安全技术　保护轮廓和安全目标的产生指南》，该标准非等效采用 ISO/IEC TR 15446：2004《信息技术安全技术保护轮廓和安全目标产生指南》。该指导性技术文件描述保护轮廓（PP）和安全目标（ST）中的内容及其各部分内容之间的相互关系。

（4）小结

如上文所述，通用准则（Common Criteria，CC）相关国家标准的采标情况整体如表 A‑12 所示。

表 A‑12　通用准则（Common Criteria，CC）相关国家标准

标准号	标准名称	对应国际标准	发布日期	实施日期	采标方式
GB/T 18336.1—2015	信息技术 安全技术 信息技术安全评估准则　第 1 部分：简介和一般模型	ISO/IEC 15408‑1：2009	2015‑05‑15	2016‑01‑01 ☆	IDT
GB/T 18336.2—2015	信息技术 安全技术 信息技术安全评估准则　第 2 部分：安全功能组件	ISO/IEC 15408‑2：2008	2015‑05‑15	2016‑01‑01 ☆	IDT
GB/T 18336.3—2015	信息技术 安全技术 信息技术安全评估准则　第 3 部分：安全保障组件	ISO/IEC 15408‑3：2008	2015‑05‑15	2016‑01‑01 ☆	IDT

⑯　https://www.tc260.org.cn。

表 A‑12（续）

标准号	标准名称	对应国际标准	发布日期	实施日期	采标方式
GB/T 30270—2013	信息技术 安全技术 信息技术安全性评估方法	ISO/IEC 18045：2005	2013‑12‑31	2014‑07‑15 ☆	IDT
GB/Z 20283—2006	信息安全技术 保护轮廓和安全目标的产生指南	ISO/IEC TR 15446：2004	2006‑05‑31	2006‑12‑31 ☆	NEQ

注：IDT 标识等同采用，NEQ 标识非等效采用。☆标识国家标准在用，但是对应的国际标准版本失效。

A.2.7 等级保护与 ISMS 的比较

（1）信息安全等级保护（CPIS）

信息安全等级保护，或者，信息系统安全等级保护（下文中简称为等级保护），在公文中，一般是前者，但是在标准中，例如，最典型的 GB/T 22239—2008 和 GB/T 22240—2008 用的标题是后者。单就这 2 个标准而言的话，描述的对象却是主要围绕"信息系统安全"，而不是广义的"信息安全"。当然，本质上来说，等级是针对"信息系统"划分的，而不是针对"信息"划分的。在实践中，这两者不需要刻意区分。等级保护具体的定义如下：

信息安全等级保护是指对国家秘密信息、法人和其他组织及公民的专有信息以及公开信息和存储、传输、处理这些信息的信息系统分等级实行安全保护，对信息系统中使用的信息安全产品实行按等级管理，对信息系统中发生的信息安全事件分等级响应、处置。

这个定义来自《关于信息安全等级保护工作的实施意见》（公通字〔2004〕66 号[⑯]）。

注意信息系统的定义：

信息系统是指由计算机及其相关和配套的设备、设施构成的，按照一定的应用目标和规则对信息进行存储、传输、处理的系统或者网络；信息是指在信息系统中存储、传输、处理的数字化信息。

信息系统的定义也来自公通字〔2004〕66 号。更早的相关定义，应该来自 GB17859—1999，其中的定义 3.1，定义了计算机信息系统（Computer Information System），具体为：

计算机信息系统是由计算机及其相关的和配套的设备、实施（含网络）构成的，按照一定的应用目标和规则对信息进行采集、加工、存储、传输、检索等处理的人机系统。

---

⑯ 在 http://xxzx.mca.gov.cn/article/zcwj/201212/20121200390103.shtml 可以查阅全文。

这种人机系统的定义，在实践中不容易理解，但是最接近学术中的最初理解，例如，Davis（2000）认为信息系统包括 information technology infrastructure，data，application systems，and personnel that employ IT to……（包括了信息技术设施、数据、应用系统和人员）。

（2）信息安全管理体系（ISMS）

原则上说，信息安全管理体系（下文简称 ISMS）并不是一个专用术语，在较早版本的标准中[17]对其进行了定义[18]，满足其中描述条件的应该都是 ISMS。但实际情况是，由于这个术语起源于 ISO/IEC 27002 和 ISO/IEC 27001 的早期版本，属于新生出来的一个词语，其他文献中，就很少见到。所以在实践中，ISMS 几乎成了一个专用术语。这如同，一提"质量管理体系（QMS[19]）"，大家就认为是 ISO 9000 标准族道理是一样的。因为某种产品过于普及，就成为某类行为的代名词，这是很常见的现象。例如，你把快递地址微信给我，或者回头我把文件 QQ 给你。由于 ISO/IEC 27000 标准族在全球范围内实施广泛，在实践中，就会有此类对话，例如：我们在做 27001。意思是说，我们在部署 ISMS，或者说，我们在根据 ISO/IEC 27001 部署信息安全。

换个说法，ISMS 是一整套的保障组织信息安全的方案（或方法），是组织管理体系的一部分，定义和指导 ISMS 的标准是 ISO/IEC 27000 标准族，而这其中，ISO/IEC 27002 和 ISO/IEC 27001 是最重要也是出现最早的 2 个标准。由于这个原因，导致这一堆词汇在实践中开始混用，而不必刻意地去区分。因此，在下文中，这几个词汇都认为是同义词：

· 信息安全管理体系（ISMS）；

· ISO/IEC 27000 标准族；

· ISO/IEC 27002 或 ISO/IEC 27001 视上下文，也可能是指代 ISMS。

（3）逻辑框架及实施流程的比较

等级保护是强制实施的，建立在一系列国家公文、一个强制标准以及诸多推荐性标准的基础之上。ISMS 则是建立在国际互认基础上的推荐性的标准[20]，这导致两者在框架上存在很大的区别。两者的框架对比，如图 A-3 所示。

或者说，对于 ISMS 来说，"组织（或企业）自己负责正确的应用[18]"，目的是保护组织（或企业）自身的利益，（如果申请第三方认证）同时向其他人证明组织有良好的信息安全管理水准。对于等级保护而言，则是国家监管机构负责企业（或组织）正确的应用，主要目的是为了保护国家和公众利益。

---

[17] 较早版本指的是还没成为国际标准的时候，就有 ISMS 的定义了，当时为 BS7799-2。

[18] 所有的定义后来被统一放到了 ISO/IEC 27000 中，最新版本为 2016 版，其中定义为：信息安全管理体系（ISMS）基于业务风险方法，建立、实施、运行、监视、评审、保持和改进信息安全的体系，是一个组织整个管理体系的一部分。

[19] QMS，Quality Management System，质量管理体系。

[20] 推荐性标准对应的英文为 voluntary standard，就是自愿性标准。

[18] 这句来自 ISO/IEC 27001：2005，原文描述为 Users are responsible for its correct application，但是在 ISO/IEC 27001：2013 中已经删除了。

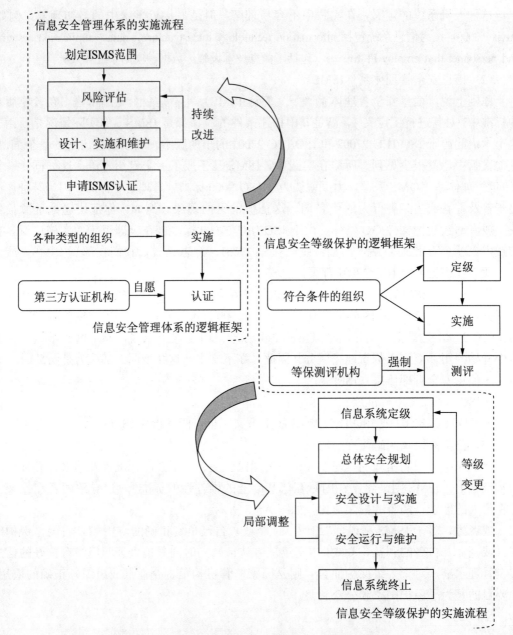

图 A-3　ISMS 与等级保护的逻辑框架及实施流程对比

（4）对"控制措施"理解的比较

等级保护的相关支持文件主要包括政府公文和国家标准，也可以称为"政策体系"和"标准体系"。以一系列的公文作为依据，是等级保护的一个特点，倒不是因为 ISMS 缺乏国家监管，而是因为 ISMS 的监管与其他管理体系（例如，ISO 9000 和 ISO 14000 等）基本一致，整个的架构设计倒显得没那么重要。等级保护是一个全新的设计，因此整个管理架构就显得非常重要，例如，《信息安全等级保护管理办法》（公安部〔2007〕43号）就是一个非常重要的公文，从国家层面确立了等级划分与保护、等级保护实施与管理以及可能涉及的分级保护管理等整个管理架构。

但是，就这两者的框架而言，还存在一个不同，即如何理解"控制措施"⑱。简而言之，等级保护部署"控制措施"为中心，ISMS部署是以"控制目标"⑲为中心。

这仅仅是一个描述方式的区别，严格讲，等级保护也是以控制目标为中心，虽然没有非常明确。因为所有的控制措施，最终还是为了实现安全目标。但这两者还是不同的，在等级保护中，一旦信息系统的等级被确定，控制措施都是确定的，同时也要注意，等级本身已经隐含了信息系统的控制目标。对于ISMS而言，由于是自愿部署，组织自己负责识别安全要求，自己设定控制目标，之后自愿部署控制措施。

通俗地讲，等级保护中，是组织和监管机构共同确定（是组织确定，之后提交监管机构确认）信息系统等级（其中隐含着控制目标），然后按要求部署。在ISMS中，是组织自己确定控制目标，然后按照要求部署，是一个自圆其说的逻辑。在下文中，我们讨论定级备案等过程，两者的区别就很清晰了。

当然，无论是等级保护还是ISMS，"控制"都是其核心内容之一，在等级保护中表现为GB/T 22239—2008，在ISMS中表现为ISO/IEC 27002：2013。

在GB/T 22239—2008中，针对不同安全保护等级应该具有的基本安全保护能力，提出基本安全要求。标准的架构，如图A-4所示。

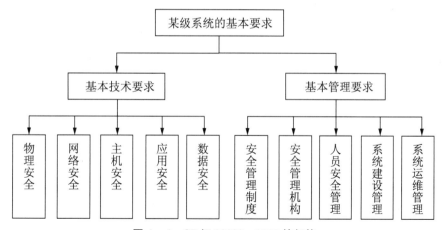

图A-4 GB/T 22239—2008 的架构

---

⑱ 控制措施，在此处指control，该词汇在GB/T 22080—2016 / ISO/IEC 27001：2013中被翻译为"控制"，"控制措施"是GB/T 22080—2008 / ISO/IEC 27001：2005中的翻译。

⑲ 控制目标，指的是objective。这两个词汇我们标识了英文，是为了将等级保护与ISMS进行对比。

在基本要求的基础上,自上而下又分为:类、控制点和控制项[7]。在图 A-4 的 10 个大类中,每个大类下面分为一系列的关键控制点,控制点下又包括了具体的控制项。本书中不再讨论具体条款。

在 ISO/IEC 27002:2013 中,并不区分技术要求或管理要求,或者说,不关心实现途径。其中控制的描述结构,自上而下又分为:类、目标和控制。具体而言,就是包含了如表 A-13 所示,ISO/IEC 27002:2013 描述了 14 个大类,这些大类又细化为 35 个目标,接着有 114 项控制来实现相应的目标。

表 A-13 ISO/IEC 27002:2013 中控制的描述结构

14 安全控制类	35 目标	114 控制
5⑱ 信息安全策略	1	2(2)
6 信息安全组织	2	7(5+2)⑱
7 人力资源安全	3	6(2+3+1)
8 资产管理	3	10(4+3+3)
9 访问控制	4	14(2+6+1+5)
10 密码	1	2(2)
11 物理和环境安全	2	15(6+9)
12 运行安全	7	14(4+1+1+4+1+2+1)
13 通信安全	2	7(3+4)
14 系统获取、开发和维护	3	13(3+9+1)
15 供应商关系	2	5(3+2)
16 信息安全事件管理	1	7(7)
17 业务连续性管理的信息安全方面	2	4(3+1)
18 符合性	2	8(5+3)

具体到每一个主要安全控制类和控制的描述结构,参考 ISO/IEC 27002:2013 中的描述,如下所述:

每一个主要安全控制类别包括⑯:

a)一个控制目标,声明要实现什么;

b)一个或多个控制,可被用于实现该控制目标。

---

⑱ 前面数字为标准的原编号。

⑱ 这表示两个目标,第一个目标 5 个控制,第二个目标 2 个控制。再如,人力资源安全中,表示有 3 个目标,第一个目标 2 个控制,第二个目标 3 个控制,第三个目标 1 个控制。

⑯ 引用自 GB/T 22081—2016 / ISO/IEC 27002:2013,4.2。

控制的描述结构如下：

控制

为满足控制目标，给出定义特定控制的陈述。

实现指南

为支持该控制的实现并满足控制目标，提供更详细的信息。该指南可能不能完全适用或不足以在所有情况下适用，也可能不能满足组织的特定控制要求。

其他信息

提供需要考虑的进一步的信息，例如法律方面的考虑和对其他标准的参考。如无其他信息，本项将不给出。

（5）小结

本节中重点从逻辑框架、部署流程和控制措施理解的角度对等级保护与 ISMS 进行了比较，当然，这两者还存在诸多其他区别，例如，等级保护的部署起点是"定级与备案"，ISMS 的部署起点是"风险评估"。

A. 2. 8　CC 与 ISMS 的比较分析

通用准则（Common Criteria，下文简称 CC）和信息安全管理体系（Information Security Management System，下文简称 ISMS）是目前两组应用最广泛的信息安全国际标准族。CC 所依据的标准主要为 ISO/IEC 15408，由 ISO/IEC JTC1/SC27/WG3[⑰]发布，ISMS 所依据的主要标准为 ISO/IEC27000 标准族，由 ISO/IEC JTC1/SC27/WG1[⑱]发布。

CC 和 ISMS 在标准的起源和架构方面存在诸多相似之处，在应用场景方面又存在较大的差异。下文中，我们结合其发展过程对两者的异同进行初步的分析。

（1）CC 与 ISMS 的发展过程比较

CC 最早来源于 TCSEC（Trusted Computer System Evaluation Criteria）。

TCSEC 常被称为"桔皮书"或 DoDD 5200. 28 - STD，1985 年，作为彩虹系列（Rainbow Series）出版物的一部分，以美国国防部（Department of Defense，DoD）标准的形式发布。实际上，之前在 1983 年，TCSEC 已经由美国国家安全署（National Security Agency，NSA）的分支机构国家计算机安全中心（National Computer Security Center，NCSC）发布，1985 年的桔皮书是改版后的正式标准，其全称应该为 DoD TCSEC。

ITSEC（Information Technology Security Evaluation Criteria）发布于 1990 年，是英国、法国、德国和荷兰欧洲四国共同开发的标准，大量参考了 TCSEC。ITSEC 与 TCSEC

---

⑰　ISO/IEC JTC1/SC27/WG3：安全评价，测试和规范（security evaluation，testing and specification）。

⑱　ISO/IEC JTC1/SC27/WG1：信息安全管理体系（information security management systems），ISO/IEC JTC1/SC27 目前设有 5 个组，除了已经提到的 WG1 和 WG3，还有 WG2：密码与安全机制（cryptography and security mechanisms），WG4：安全控制与服务（security controls and services）和 WG5：身份管理与隐私技术（identity management and privacy technologies）。另外，还设有 AG1：管理咨询组（management advisory group）和 SWG - T：横向项目（transversal items）。

相比较，有两个很大的进步：1）将功能要求与保证措施分开，从而最大化的隔离开了安全要求和安全实现；2）从主要关注机密性，转至关注机密性、完整性和可用性。

之后各国都开始陆续开发此类标准，例如，1993 年，加拿大发布了 CTCPEC（Canadian Trusted Computer Product Evaluation Criteria）。直到 1996 年，以上国家或机构联合在一起，开发了一个共同的标准，命名为：信息技术安全评估[19]通用准则（Common Criteria for Information Technology Security Evaluation），这就是最早版本的 CC v1.0。

ISMS 则主要起源于 TCSEC 与 ITSEC 的公布。

对于产品标准而言，CC 的主要作用在于"评估结果可以帮助客户确定该 IT 产品或系统对他们的预期应用是否足够安全以及使用该 IT 产品或系统带来的固有安全风险是否可容忍"，可见，CC 关注的是产品"预期应用"和"固有安全风险"，也就是说，CC 最重要的关注点并不是应用中的安全。

问题是，再安全的产品，最终也需要落地，需要考虑应用场景。因此，ISMS 的产生是自然而言的选择，即一系列的产品或制度如何在应用场景中保障安全？1993 年，由 James Backhouse[20] 等学者在一些自愿参与的公司的基础上组成了一个项目组，开始开发这样一个"实践指南"。最早，项目的发包方英国商务部（Department of Trade and Industry，DTI）的商业计算机安全中心（Commercial Computer Security Centre，CCSC）期望这样的指南能够与 ITSEC 整合在一起，但工作组认为"ITSEC 并不是实践化，于是委婉地避开了 CCSC 的要求，坚持保持 BS7799 面向实践"。

该项目的成果在 1993 年以"实用规则（A Code of Practice）"的形式发布，即 DIS-CPD003，也就是后来的 BS7799，2000 年，成为国际标准 ISO/IEC 17799，2005 年，重新编号成为 ISO/IEC 27002。

需要指出的是，和 CC 不同，ISMS 原则上并不是一个专用术语，在较早版本的标准中对其进行了定义，满足其中描述条件中应该都是。但实际情况是，由于这个术语起源于 ISO/IEC 27002 和 ISO/IEC 27001 的早期版本，属于新生出来的一个词语，其他文献中，就很少见到。所以在实践中，ISMS 几乎成了一个专用术语。这如同，一提"质量管理体系（Quality Management System，QMS）"，大家就认为是 ISO 9000 标准族道理是一样的。

因为某种产品过于普及，就成为某类行为的代名词，这是很常见的现象。例如，你把快递地址微信给我，或者，回头我把文件 QQ 给你。由于 ISO/IEC 27000 标准族在全球范围内实施广泛，在实践中，就会有此类对话，例如：我们在做 27001，意思是说，我们在部署 ISMS，或者说，我们在根据 ISO/IEC 27001 部署信息安全。

换个说法，ISMS 是一整套的保障组织信息安全的方案（或方法），是组织管理体系的一部分，定义和指导 ISMS 的标准是 ISO/IEC 27000 标准族，而这其中，ISO/IEC 27002 和 ISO/IEC 27001 是最重要也是出现最早的 2 个标准。由于这个原因，导致这一堆词汇在实

践中开始混用，而不必刻意地去区分。因此，这几个词汇都认为是同义词：

·信息安全管理体系（ISMS）；

·ISO/IEC 27000 标准族；

·ISO/IEC 27002 或 ISO/IEC 27001 视上下文，也可能是指代 ISMS。

（2）CC 与 ISMS 的现状比较

目前，CC 和 ISMS 在研发路径上开始存在较大不同。

CC 的开发状况与 ITIL（Information Technology Infrastructure Library）类似，存在比较统一的开发联盟[⑩]，随着版本的更新，将其中的一部分采纳为国际标准，这种模式与 ITIL 和 ISO/IEC 20000 之间的关系基本是一致的。本质而言，这是"事实标准"的推进途径，即某方法或某技术路线在事实上已经广为采纳，成为国际标准是一个顺理成章的过程。ISMS 则缺乏常驻的开发联盟，在成为英国国家标准之后，基本沿袭了标准开发的工作流程，如上文所述，ISO/IEC JTC1/SC27/WG1 目前已经成为专门开发和推广 ISMS 的机构。

所以，CC 存在版本与标准之间的映射关系，ISMS 则只存在标准版本的更新。CC 在 1999 年被采纳为国际标准 ISO/IEC15408，之后被等同采用为国家标准 GB/T 18336，期间的版本关系如表 A‑14 所示。

表 A‑14 CC 版本与标准采用情况

CC 的版本发布	国际标准采用情况	国家标准采用情况
CC v2.1	ISO/IEC 15408：1999	GB/T 18336—2001
CC v2.3，	ISO/IEC 15408：2005	GB/T 18336—2008
CC v3.1	ISO/IEC 15408：2012	GB/T 18336—2015

在这期间，CC 也发布了诸多中间版本。但整体而言，框架并未做太大改变，最新版的国家标准采用情况为：

·GB/T 18336.1—2015 / ISO/IEC 15408：2012 信息技术 安全技术 信息技术安全评估准则第 1 部分：简介和一般模型；

·GB/T 18336.2—2015 / ISO/IEC 15408：2012 信息技术 安全技术 信息技术安全评估准则第 2 部分：安全功能组件；

·GB/T 18336.3—2015 / ISO/IEC 15408：2012 信息技术 安全技术 信息技术安全评估准则第 3 部分：安全保障组件。

ISMS 所依据的标准 ISO/IEC 27000 标准族，标准数量更丰富，我们下文中描述其架构，标准族中最主要的两个标准的国家标准采用情况如下：

---

⑩ http：//www.commoncriteriaportal.org/，该网站可以下载所有版本 CC 和 CEM，以及 CCRA（互认协议通用准则，Common Criteria Recognition Arrangement）。

• GB/T 22080—2016 / ISO/IEC 27001：2013 信息技术安全技术信息安全管理体系要求；

• GB/T 22081—2016 / ISO/IEC 27002：2013 信息技术安全技术信息安全控制实践指南。

（3）CC 与 ISMS 的风险模型比较

ISMS 和 CC 都是为了控制风险，因此两者用到的风险模型没有本质的区别。不同的是 CC 针对"固有安全风险"，ISMS 考虑的则是"情境（context）中的安全风险"。两者的大致区别如图 A–5 所示。

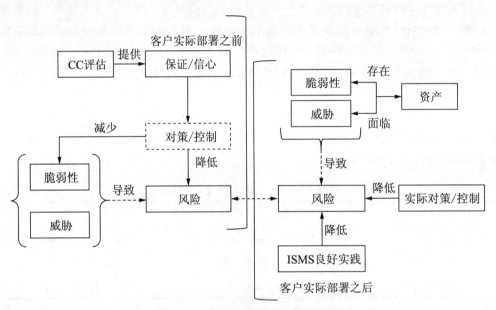

图 A–5 CC 与 ISMS 中的风险评估

CC 为客户、开发者和评估者提供一个"独立于实现的结构，即保护轮廓（Protection Profile，PP）"，其中对特定类型的产品面临的安全问题、评估目标（Target of Evaluation，ToE）和安全技术要求进行了规定。评估具体的产品时，开发者需要编写安全目标（Security Target，ST）文档，根据产品的具体实现情况，细化 PP 中的要求，并通过明确陈述其安全和管理措施的办法，来论述产品可以有效地抵抗威胁。

威胁是独立于资产存在的，或者说，对于资产而言，威胁是外部因素。脆弱性不同，脆弱性是资产设计或部署不当所导致的，是内部因素，因此对策（countermeasure）[⑲] 主要用于减少脆弱性。资产所有者"允许将其资产暴露给特定的威胁之前"，就已经意识到

---

⑲ 对策（countermeasure），该词汇含义与 GB/T 22080—2016 / ISO/IEC 27001：2013 中的"控制"类似，在早期信息安全风险评估标准中，例如 ISO/IEC 13335–3：1998 用的也是 countermeasure。

这可能存在风险，但是"所有者自己可能没有能力对对策的所有方面加以判断"，于是寻求对对策进行评估（evaluation），这个评估的输出就是保证所达到程度的一个陈述。

CC 评估的需求正源于此，简单来说，通过评估及其他技术提供保证，通过保证为客户提供信心。但是，如上文中强调，CC 评估的本意是评价（evaluation），而不是评估（assessment）。在 ISMS 中，对良好实践（Good Practice）的需求来源也是信息安全风险，由于已经在应用场景中，因此在部署过程中，用到了完整的风险评估流程。其中应该注意一点，无论是 CC 还是 ISMS 都只是利用了风险模型，对于风险评估方法等并无实质性的贡献。

（4）CC 与 ISMS 的框架设计比较

虽然 CC 和 ISMS 的需求本质上都是起源于信息安全风险管理，但是由于两者存在完全不同的目标，因此在框架设计上肯定也大相径庭。CC 评估的对象是产品或系统，ISMS 应用的对象是组织，该体系基本沿袭了 ISO 9000 标准族的框架。

CC 关注的核心是 IT 产品或系统，ISMS 关注的核心是组织业务。通过 CC 评估的产品或系统，在假设的安全环境中，可以提供相应等级的安全保证。这些产品或系统一旦部署到应用场景，客户关注点就转至支撑业务的资产或系统，或者说关注的资产价值体现为其对业务的重要程度。到此时，ISMS 才开始起作用。那么假设的安全环境应该什么样子或者如何实现？ISMS 被证明是良好实践之一，至少是提供了一条可行的路径。

CC 的核心思想是安全工程学，即通过对信息安全产品的开发、评价、使用全过程的各个环节实施安全工程来确保产品的安全性。ISMS 的核心思想是"最佳实践"，该词汇现在一般表述为"良好实践"，实际上就是一系列实践经验的集合，最有代表性的是全面质量管理（Total Quality Management，TQM）。

在认证框架方面，CC 与 ISMS 也存在区别。信息技术评估通用方法（CEM，Common Methodology for Information Technology Security Evaluation）是与 CC 配套的标准，应用 CEM 是为了确保评估结果的可重复性和客观性，这与 ISMS 中的风险评估过程类似。在此基础上还需要一个独立的认证过程，之后才能获得证书。ISMS 中虽然对风险评估有强制性要求，但是并不指定是否必须第三方实施。对 ISMS 整体符合性的评估过程称为"审核（audit）"，通过审核的组织，即可以获得证书。

（5）小结

在本节中，我们首先对于 CC 和 ISMS 的起源和发展过程进行了比较，然后通过对比起开发过程的不同，并给出了现有的支撑标准，接着通过分析风险模型得出其需求起源，最后分析了 CC 和 ISMS 两者框架设计的异同及原因。由于本节讨论的重点是 CC 和 ISMS 的整体逻辑或者核心思想，因此，没有涉及 CC 中很重要的概念 PP 和 ST 等，在后续讨论中，我们再对比其中细节的不同。

参考文献

［1］特南鲍姆，韦瑟罗尔．计算机网络（第 5 版）［M］．严伟，潘爱民，译．北京：清华大学出版社，2012．

［2］林润辉，李大辉，谢宗晓，王兴起．信息安全管理理论与实践［M］．北京：中国标准出版社，2015．

［3］谢宗晓．政府部门信息安全管理基本要求理解与实施［M］．北京：中国标准出版社，2014．

［4］谢宗晓，刘斌．ISO/IEC 27001 与等级保护整合实施指南［M］．北京：中国标准出版社，2014．

［5］谢宗晓，巩庆志．ISO/IEC 27001：2013 标准解读及改版分析［M］．北京：中国标准出版社，2013．

［6］谢宗晓．信息安全管理体系实施指南（第二版）［M］．北京：中国标准出版社，2016．

［7］魏军，谢宗晓．信息安全管理体系审核指南［M］．北京：中国标准出版社，2012．

［8］James Backhouse，Carol W. Hsu，Leiser Silva：Circuits of Power in Creating de jure Standards：Shaping an International Information Systems Security Standard［J］. MIS Quarterly 30（Special Issue）：143－438（2006）．

［9］OECD Guidelines for the Security of Information Systems and Networks：Towards a culture of security［R］. 2002.

［10］OECD Guidelines for the Security of Information Systems［R］. 1992.

［11］NIST SP800－39 Managing Information Security Risk Organization，Mission，and Information System View［S］. 2011.

［12］NIST SP800－30 Rev1 Guide for Conducting Risk Assessments［S］. 2012.

［13］NIST SP800－30 Risk Management Guide for Information Technology Systems［S］. 2002.

［14］谢宗晓，董坤祥．截至 2016 年底 ISO/IEC 27000 标准族的进展（上）［J］．中国标准导报，2017（1）：36－40．

［15］谢宗晓，甄杰．截至 2016 年底 ISO/IEC 27000 标准族的进展（下）［J］．中国标

准导报，2017（2）：34－38＋41.

［16］谢宗晓，甄杰，董坤祥等．网络空间安全管理［M］．北京：中国标准出版社．2017.

［17］采用国际标准管理办法（2001 年 12 月 4 日国家质量技术监督局令第 10 号发布），http：//www.gdqts.gov.cn/govinfo/auto31/200809/t20080904－761.html。

［18］Improving recognition of ICT security standards－Recommendations for Member States for the conformance to NIS Directive.ENISA.2017（12）.

［19］陈磊，谢宗晓．信息安全管理体系（ISMS）相关标准介绍［J］．中国质量与标准导报，2018（9）.

［20］石竑松，高金萍，贾炜，刘晖．CC 标准中安全架构与策略模型的分析方法［J］．清华大学学报（自然科学版），2016（5）.

［21］谭良，佘堃，周明天．信息安全评估标准研究［J］．小型微型计算机系统，2006（4）：634－637.

［22］刘伟，张玉清，冯登国．通用准则评估综述［J］．计算机工程，2006（1）：171－173.

［23］黄元飞，陈晓桦．国家标准 GB/T 18336 介绍（一）［J］．信息安全与通信保密，2001（6）：70－71.

［24］谢宗晓，王静漪．ISO/IEC 27001 与 ISO/IEC 27002 标准的演变［J］．中国标准导报，2015（7）：48－52.

［25］谢宗晓．信息安全合规性的实施路线探讨［J］．中国标准导报，2015（2）：24－26.

［26］公安部信息安全等级保护评估中心．信息安全等级保护政策培训教程［M］．北京：电子工业出版社，2010.

［27］Davis，G.B.Information Systems Conceptual Foundations：Looking Backward and Forward，in Organizational and Social Perspectives on Information Technology，R.Baskerville，J.Stage，and J.I.DeGross（eds.），Boston：Springer.2000，pp.61－82.

［28］陆宝华．信息安全等级保护等级基本要求培训教程［M］．北京：电子工业出版社，2010.

［29］谢宗晓．政府部门信息安全管理基本要求理解与实施［M］．北京：中国标准出版社，2014.

［30］谢宗晓．信息安全管理体系实施案例（第 2 版）［M］．北京：中国标准出版社，2016.

［31］Spafford，Eugene.James P.Anderson：An Information Security Pioneer［J］.Security & Privacy，IEEE.6.9－9.10.1109/MSP.2008.15.

［32］Mark Rhodes－Ousley.信息安全完全参考手册（第 2 版）［M］．北京：清华大学出版社，2014.

［33］董贞良．产品测评通用准则（CC）相关标准介绍［J］.中国质量与标准导报，2018（11）：16 - 18.

［34］刘建伟．王育民．网络安全——技术与实践（第 2 版）［M］.北京：清华大学出版社，2015.

［35］李军，谢宗晓．基于产品和基于流程的信息安全标准及其分析［J］.中国质量与标准导报，2017（12）：60 - 63.

［36］董贞良．云计算安全相关标准解析［J］.中国质量与标准导报，2018（8）：14 - 17.

［37］RFC2402，https：//tools. ietf. org/html/rfc2402.

［38］RFC2406，https：//www. ietf. org/rfc/rfc2406. txt.

［39］谢宗晓，许定航．ISO/IEC 27005：2018 解读及其三次版本演化［J］.中国质量与标准导报，2018（9）：16 - 18.

［40］董贞良．GB/T 35273—2017 解读［J］.中国质量与标准导报，2018（6）：25 - 27.

［41］Ingham，Kenneth；Forrest，Stephanie. A History and Survey of Network Firewalls［J］. https：//www. cs. unm. edu/～treport/tr/02 - 12/firewall. pdf. 2002.

［42］贾海云，谢宗晓．基于全面风险管理视角的金融网络安全管理标准框架［J］.中国质量与标准导报，2018（8）：24 - 28.

［43］李德波，谢宗晓．金融信息系统技术风险管理探讨［J］.中国质量与标准导报，2018（4）：44 - 48.

［44］谢宗晓，陈琳．电子银行风险管理及其行业监管梳理［J］.中国质量与标准导报，2018（5）：40 - 43.

［45］谢宗晓，刘淑敏．金融行业信息安全相关国家标准简析［J］.中国质量与标准导报，2018（11）：28 - 34.

［46］刘雨晨，谢宗晓．欧盟通用数据保护法规解析［J］.中国质量与标准导报，2018（12）：30 - 34＋39.

［47］谢宗晓，甄杰．公钥基础设施（PKI）国家标准解析［J］.中国质量与标准导报，2018（12）：18 - 21.

［48］谢宗晓，李松涛．隐私保护国际标准进展与简析［J］.中国质量与标准导报，2019（1）：11 - 13.

［49］崔达菲，谢宗晓．2018 年 ISO/IEC 27000 标准族的进展［J］.中国质量与标准导报，2019（1）：20 - 25.

［50］谢宗晓，刘琦．公钥基础设施（PKI）国际标准进展［J］.金融电子化，2018（10）：56 - 59.

［51］王丽华，谢宗晓．从标准营销角度重新审视信息安全管理体系［J］.中国质量与标准导报，2017（9）：52 - 55.

［52］谢宗晓．信息安全管理体系在国内的发展及其产业链［J］.中国质量与标准导

报，2017（11）：56-59.

［53］甄杰，谢宗晓，李康宏，董坤祥．组织内部员工的信息安全保护行为——基于 PMT 和 FA 整合视角的多案例研究［J］．管理案例研究与评论，2017，10（2）：114-130.

［54］甄杰，谢宗晓，董坤祥．员工信息安全违规意愿的影响机制研究［J］．预测，2018，37（3）：22-28.

［55］董坤祥，谢宗晓，甄杰，林润辉．高管支持、制度化与信息安全管理有效性［J］．外国经济与管理，2018，40（5）：113-126.

［56］甄杰，谢宗晓，林润辉．企业信息安全制度化部署过程的行动研究［J］．管理案例研究与评论，2018，11（2）：192-209.

［57］甄杰，谢宗晓，林润辉．治理机制、制度化与企业信息安全绩效［J］．工业工程与管理，2018，23（3）：171-177.

［58］甄杰，谢宗晓，林润辉，董坤祥．信息安全压力与员工违规意愿：被调节的中介效应［J］．管理科学，2018（4）：91-102.

［59］董坤祥，谢宗晓，甄杰，林润辉．网络空间安全视阈下恶意软件攻防策略研究［J］．科研管理．

［60］李康宏，谢宗晓，甄杰，林润辉．信息安全合法化采纳动机与模式研究——新制度理论与创新扩散理论的整合视角［J］．预测．

［61］林润辉，谢宗晓，王兴起，魏军．制度压力、信息安全合法化与组织绩效—基于中国企业的实证研究［J］．管理世界，2016（2）：112-127.

［62］林润辉，谢宗晓，刘琦．信息安全管理研究回顾、脉络梳理及未来展望［J］．信息系统学报，2014（2）：70-83.

［63］林润辉，谢宗晓，吴波，李大辉．处罚对信息安全策略遵守的影响研究—威慑理论与理性选择理论的整合视角［J］．南开管理评论，2015（4）：151-160.

［64］谢宗晓，林润辉，王兴起．用户参与对信息安全管理有效性的影响—多重中介方法［J］．管理科学，2013（3）：65-76.

［65］谢宗晓，王兴起．基于价值空间理论的信息安全管理研究回顾与述评［J］．图书馆论坛，2016（5）：87-94.

［66］Zheng H.，Xie Z.，Hou W.，Li D. Antecedents of solution quality in crowdsourcing：The sponsor's perspective［J］．Journal of Electronic Commerce Research，2014，15（3）：212-224.

［67］董亚南，赵改侠，谢宗晓．关键信息基础设施保护及其实践探讨［J］．网络空间安全，2018（8）：84-89.

［68］谢宗晓，甄杰．信息安全治理问题的初步探讨［J］．中国标准导报，2016（9）：32-34.

［69］谢宗晓，张菡．网络安全指南国际标准（ISO/IEC 27032：2012）介绍［J］．中国

标准导报，2016（10）：22-24+29.

[70] 权贞惠，谢宗晓. 信息安全管理制度编写的要点 [J]. 中国标准导报，2015（8）：28-31.

[71] 谢宗晓. 信息安全制度设计原则的初步探讨 [J]. 中国标准导报，2015（9）：28-30.

[72] 谢宗晓，周常宝. 信息安全治理及其标准介绍 [J]. 中国标准导报，2015（10）：38-40+45.

[73] 董坤祥，谢宗晓. ICT 供应链风险管理标准 NIST SP800-161 探析 [J]. 中国标准导报，2015（11）：34-37+41.

[74] 隆峰，谢宗晓. 信息安全规划思路初探 [J]. 中国标准导报，2016（1）：32-35.

[75] 谢宗晓，董坤祥. ICT 供应链信息安全标准 ISO/IEC 27036-3 及体系分析 [J]. 中国标准导报，2016（3）：16-21.

[76] 谢宗晓. 信息安全风险管理相关词汇定义与解析 [J]. 中国标准导报，2016（4）：26-29.

[77] 谢宗晓，刘立科. 信息安全风险评估/管理相关国家标准介绍 [J]. 中国标准导报，2016（5）：30-33.

[78] 谢宗晓，赵秀堃. 信息安全与组织业务流程结合探讨 [J]. 中国标准导报，2016（7）：36-38.

[79] 李心阳，谢宗晓. 基于 ISO/IEC 27001：2013 的集团企业信息安全管控设计 [J]. 中国标准导报，2015（1）：40-42.